PRÁCTICAS DE REGULACIÓN AUTOMÁTICA

PRÁCTICAS DE REGULACIÓN AUTOMÁTICA

Andrés San Millán Rodríguez

Vicente Feliu Batlle

2018

First Printing: 2018

ISBN 978-0-244-97181-6

Andrés San Millán Rodríguez &
Vicente Feliu Batlle
Avda. Camilo José Cela, s/n
Ciudad Real, Ciudad Real 13071

Índice general

III PRÁCTICAS DE CAD DE SISTEMAS DE CONTROL   73

Índice de figuras

Índice de tablas

1

Introducción

1.1. Contexto

Este libro cubre los aspectos prácticos de un curso básico de Regulación Automática pensado para las titulaciones de grado de Ingeniería Industrial. En concreto, está diseñado para dar soporte a la asignatura de Regulación Automática que se imparte en los grados de Ingeniería Eléctrica y de Ingeniería Electrónica Industrial y Automática de la Escuela Técnica Superior de Ingenieros Industriales de la Universidad de Castilla-La Mancha. Dicha asignatura forma parte de la base tecnológica común que deben tener todos los graduados de la rama de la ingeniería industrial. En este sentido, para poder abordar esta materia, son necesarios conocimientos de:

- Matemáticas: algebra de polinomios, variable compleja, ecuaciones diferenciales y transformadas integrales (de Laplace y de Fourier).

- Física: mecánica, electricidad, magnetismo.

- Tecnología: electrotecnia, electrónica, informática y máquinas eléctricas.

Para poder realizar las actividades propuestas en este libro, además de los conocimientos teóricos anteriormente mencionados, el lector debe tener conocimientos prácticos de informática, electrotecnia y electrónica a nivel básico. También debe tener conocimientos del lenguaje de programación matemática MATLAB. Las prácticas y equipos aquí descritos, además de posibilitar el desarrollo de las habilidades de diseño asistido por computador y experimentación necesarias para la asignatura de Regulación Automática, permiten la implantación de la parte práctica de materias más avanzadas del campo del Control Automático, que deberán estudiarse con posterioridad, como puedan ser el Control por Computador y la Teoría Moderna de Control.

1.2. Propósito

Como ya se ha indicado, este libro pretende cubrir la parte práctica de la asignatura básica de Regulación Automática de la Escuela Técnica Superior de Ingenieros Industriales de la Universidad de Castilla-La Mancha. En esta asignatura se realizan cuatro actividades diferentes – aunque coordinadas – con objeto de dar una formación lo más completa posible en esta materia: clases de teoría, clases de problemas, clases de diseño asistido por computador de sistemas de control en el aula informática y realización de un trabajo práctico en el laboratorio. La ordenación formativa de cada tema de la asignatura sigue la secuencia anteriormente indicada. Por tanto, para poder abordar los aspectos de diseño asistido por computador, es necesario haber adquirido previamente los conocimientos correspondientes de teoría y problemas. Asimismo, para abordar la parte práctica de laboratorio, es preciso haber realizado un trabajo previo de análisis, diseño y simulación de sistemas de control. Dicho trabajo es de naturaleza iterativa e introduce al lector en el método de prueba y error, que es habitual en la práctica industrial, por contraposición a la metodología habitualmente seguida en las clases de teoría y problemas, en la que siguiendo un proceso secuencial unidireccional se llega a los diseños deseados de sistemas de control.

Para la correcta realización de las prácticas es necesario que el alumno, además de disponer de un motor de DC y del sistema electrónico de adquisición, sea capaz de identificar el tipo de motor y sus parámetros característicos (la planta a controlar), diseñar esquemas de control tanto en el dominio temporal como en el dominio frecuencial usando las diversas técnicas disponibles en teoría de control y analizar el comportamiento del sistema controlado (o sistema en cadena cerrada) comparando la eficacia de cada control diseñado.

En una primera etapa donde se identificarán los parámetros del motor objeto de las prácticas utilizando MATLAB, que es una herramienta habitualmente utilizada por los ingenieros de control. Después se procederá al diseño y análisis, mediante el paquete de simulación SIMULINK, de diferentes esquemas de control para lograr que el sistema controlado se comporte de acuerdo a las especificaciones deseadas. Finalmente, se procederá a la aplicación práctica de estos conocimientos a la planta experimental, de forma que el lector podrá enfrentarse a los diversos obstáculos que pueden surgir a la hora de realizar un trabajo práctico y de carácter aplicado.

1.3. Realización y evaluación: individualización de los equipos

Los trabajos conducentes al diseño de sistemas de control para motores de DC constan de actividades de análisis, diseño y simulación con la ayuda de herramientas informáticas y de la experimentación e implantación en un motor real. Como ya se ha indicado, dichos trabajos serán llevados a cabo de manera iterativa, de forma que se ilustren las distintas etapas del proceso de identificación, análisis y control de sistemas reales. En la primera parte de este libro se establecen el modelo teórico del motor de corriente continua y sus ecuaciones dinámicas. La segunda parte explica detalladamente las herramientas matemáticas e informáticas que se utilizarán para analizar el comportamiento del sistema y para diseñar los distintos esquemas de control propuestos. Una vez explicadas dichas herramientas, la tercera parte del libro se dedica a la identificación de los parámetros del motor y al diseño de diversos esquemas de control utilizando las herramientas descritas anteriormente. De esta manera se obtienen modelos simulados que representan con gran fidelidad el comportamiento del motor real y que permiten al lector adquirir un conocimiento previo del sistema de forma que, al encontrarse con la plataforma experimental, le resulten ya familiares gran parte de los procedimientos experimentales a realizar. En la última parte del libro se detallan los procedimientos experimentales a realizar con los motores disponibles en el laboratorio. Esta etapa comprende, además, la realización de un contraste entre los resultados experimentales obtenidos y los esperados a partir de las simulaciones realizadas. De este modo, el lector deberá realizar una revisión de los modelos simulados para reproducir los resultados reales con mayor fidelidad. Esta revisión se hace de forma iterativa hasta que se logre una convergencia entre los datos simulados y los experimentales. Los programas diseñados para la toma de datos y el control de los motores reales permiten personalizar la dinámica de los motores en función del DNI de cada usuario. Esto posibilita la realización de una evaluación individualizada de cada usuario. Dado que los puestos experimentales constan de 10 motores de idénticas características, a fin de cambiar su comportamiento dinámico, se ha implementado un lazo interno de velocidad con ganancias variables. Las ganancias del motor y de dicha realimentación de velocidad son modificadas en función del DNI de cada usuario. Al ser invisible dicho lazo interno y no ser accesibles sus ganancias, el único efecto que se observará es que los parámetros del motor y, por tanto, su dinámica, serán diferentes en función del DNI que introduzca cada usuario.

1.4. Estructura del libro

El presente libro de prácticas se divide en un primer capítulo de introducción y cuatro partes claramente diferenciadas. La primera parte consta de dos capítulos: el capítulo dos establece la clasificación general de los motores eléctricos y la ubicación del motor de DC en este esquema general. Así mismo se describen las ecuaciones que rigen su dinámica. El capítulo tres presenta la plataforma experimental que se utilizará en estas actividades.

La segunda parte de este libro consta de tres capítulos y se presentan las herramientas matemáticas que el alumno debe conocer para poder llevar a cabo la identificación del motor y el diseño de los esquemas de control. Estas son MATLAB y SIMULINK. El capítulo cuatro está dedicado a MATLAB, el capítulo cinco trata sobre SIMULINK y, por último, el capítulo seis explica el procedimiento para aplicar estas herramientas matemáticas al problemas del motor de corriente continua.

La tercera parte de este libro consta de cinco capítulos y se encuentra dedicada al uso de las herramientas de diseño asistido por computador, o CAD por sus siglas en inglés (Computer Aided Design), en el diseño de sistemas de control. A lo largo de estos cinco capítulos se utilizan MATLAB y SIMULINK para identificar obtener las respuestas temporal y frecuencial de un modelo simulado de motor de DC y obtener sus parámetros característicos. Adicionalmente se analizan las respuestas dinámicas y estáticas del sistema en cadena cerrada y se explica el diseño de reguladores PD, PID y de redes de adelanto/atraso de fase.

La cuarta parte del libro está compuesta por cuatro capítulos y cubre la implementación experimental de las prácticas. Los dos primeros capítulos de esta parte se centran en la identificación experimental de los parámetros del motor usando técnicas temporales y frecuenciales y los dos últimos cubren el diseño e implementación práctica de reguladores PD, PID y de redes de adelanto/atraso de fase.

Por último, se incluyen como anexos del libro los entregables de prácticas que los alumnos deben rellenar para completar las prácticas de la asignatura de Regulación Automática de la Escuela Técnica Superior de Ingenieros Industriales de la Universidad de Castilla-La Mancha.

Parte I

EL MOTOR DE CORRIENTE CONTINUA

2

Análisis del problema

2.1. Breve clasificación de los motores eléctricos

En términos generales, un motor es un convertidor electromecánico capaz de transformar energía desde un sistema eléctrico a un sistema mecánico. Es necesario resaltar el hecho de que existe una gran variedad de motores eléctricos y su estudio y clasificación normalmente se realiza en un curso de máquinas eléctricas pero, en general, atendiendo al tipo de corriente eléctrica suministrada al motor, puede distinguirse entre dos tipos básicos de motores eléctricos: de corriente alterna (AC) y de corriente continua (DC).

Habitualmente, en el caso de motores de corriente continua, el movimiento del sistema es rotatorio y se produce por la repulsión de campos magnéticos generados dentro del motor. En el caso de motores destinados a elevadas potencias, dichos campos magnéticos se generan mediante bobinas eléctricas situadas tanto en la parte móvil del motor (rotor) como en la parte fija

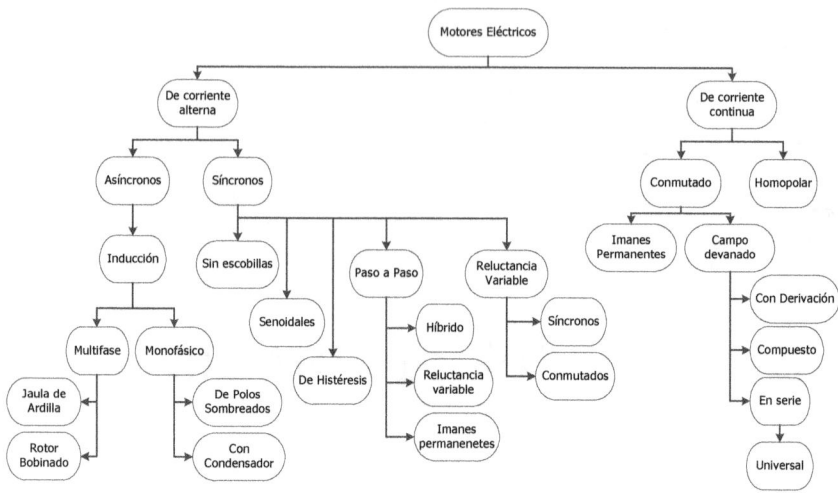

Figura 2.1: Esquema de tipos de motores eléctricos.

(estátor), y la forma de conexionado de dichas bobinas determina la primera subdivisión de los motores de DC: de excitación independiente y de autoexcitado.

En el caso de los motores de DC de excitación independiente, la corriente aplicada a las bobinas del rotor y el estátor viaja por circuitos separados, lo que determina su nombre. Sin embargo, es necesario tener en cuenta que un campo magnético puede ser generado mediante imanes permanentes, por lo que para pequeñas potencias puede prescindirse de las bobinas del estátor y utilizar imanes permanentes en su lugar. Esta construcción es un caso particular de motor de DC de excitación independiente conocida como motor de corriente continua de imanes permanentes y es a la que habitualmente asociamos al término de motor de DC, debido a su extendida utilización en aparatos eléctricos de uso corriente tales como ventiladores de bolsillo, destornilladores eléctricos y juguetes como coches de radio control.

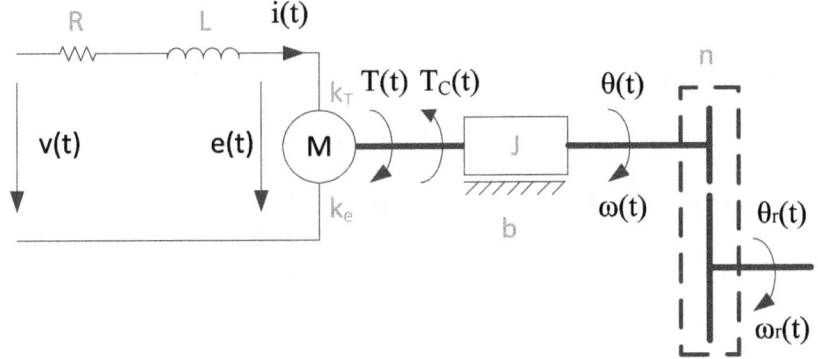

Figura 2.2: Esquema simplificado de un motor de corriente continua de imanes permanentes.

En nuestro caso, la plataforma experimental que se utilizará en las prácticas se encuentra compuesta por un motor de DC de imanes permanentes y será el centro del presente libro.

2.2. Modelo matemático del motor de corriente continua de imanes permanentes

La Figura 2.2 muestra el esquema de un motor de corriente continua de imanes permanentes controlado por corriente de inducido. A la salida del motor se ha añadido una caja reductora (relación de reducción n), donde las variables definidas son:

- $v(t)$: tensión aplicada al motor

- $i(t)$: corriente de inducido

- $e(t)$: fuerza contraelectromotriz

11

- $T(t)$: par electromecánico

- $T_c(t)$: par debido al rozamiento de Coulomb

- $\theta(t)$: posición angular del motor

- $\omega(t)$: velocidad angular del motor

- $\theta_r(t)$: posición angular a la salida de la reductora

- $\omega_r(t)$: velocidad angular a la salida de la reductora

y las constantes:

- R: resistencia del devanado del inducido

- L: inductancia del devanado del inducido

- J: inercia del motor

- n: relación de reducción de la reductora

- k_e: constante de fuerza contraelectromotriz

- k_T: constante de par

- b: coeficiente de rozamiento viscoso del motor

Las ecuaciones que rigen el comportamiento dinámico del motor (sin carga) son las siguientes:

$$v(t) = R \cdot i(t) + L \cdot \frac{di(t)}{dt} + e(t) \qquad (2.1)$$

$$e(t) = k_e \cdot \omega(t) \qquad (2.2)$$

$$T(t) = k_T \cdot i(t) \tag{2.3}$$

$$T(t) = J \cdot \frac{d\omega(t)}{dt} + b \cdot \omega(t) + T_c(t) \tag{2.4}$$

$$\omega(t) = \frac{d\theta(t)}{dt} \tag{2.5}$$

$$\theta_r(t) = \frac{\theta(t)}{n} \tag{2.6}$$

$$\omega_r(t) = \frac{\omega(t)}{n} \tag{2.7}$$

Como puede verse a partir de las ecuaciones anteriores, el comportamiento de un motor DC se encuentra determinado por fenómenos de naturaleza eléctrica, magnética y mecánica. Habitualmente, el modelado de este sistema en particular, se hace de forma lineal y con parámetros invariantes en el tiempo, aunque si se quiere reproducir de forma más precisa el comportamiento del sistema es necesario considerar la naturaleza no-lineal del término $T_c(t)$.

Este comportamiento no lineal del sistema $T_c(t)$ se conoce como rozamiento de Coulomb y se define mediante el siguiente modelo no lineal:

$$\begin{cases} T_c(t) = k_c \cdot sign(\omega(t)), & \text{si } \omega(t) \neq 0 \\ T_c(t) = sign(T(t)) \cdot min(|T(t)|, k_c) & \text{si } \omega(t) = 0 \end{cases} \tag{2.8}$$

Como nota final cabe resaltar el hecho de que, a partir de las ecuaciones disponibles, puede comprobarse que si se aplica una tensión constante al motor, encontrándose este parado, el resultado es sencillamente una aceleración del rotor, que tras un breve tiempo transitorio permanecerá girando a velocidad constante. Este efecto es el que estamos acostumbrados a observar al utilizar, por ejemplo, un ventilador de bolsillo a pilas. No obstante, el objetivo final de este libro es que, tras la aplicación de un esquema de control, podamos situar el motor en una posición angular deseada de forma que este permanecerá inmóvil incluso bajo la acción de pares o fuerzas externos.

3

Plataforma de experimentación

3.1. Descripción de los puestos de prácticas

La plataforma experimental que se va a emplear en la práctica consiste en un motor de corriente continua con una reductora que a su salida tiene integrado un indicador analógico de la posición del ángulo de la reductora, $\theta_r(t)$.

El motor de corriente continua está comandado en intensidad mediante un servoamplificador que recibe la consigna de intensidad a través de una señal de control en tensión, $V(t)$, que se recibe de una tarjeta de adquisición de datos conectada a un ordenador. Por tanto, se genera un par motor proporcional a dicha tensión: $T(t) = k_m \cdot V(t)$, siendo k_m la constante del conjunto motor-servoamplificador.

El resultado, desde el punto de vista práctico, es que debido a la acción del servoamplificador, puede controlarse el par del

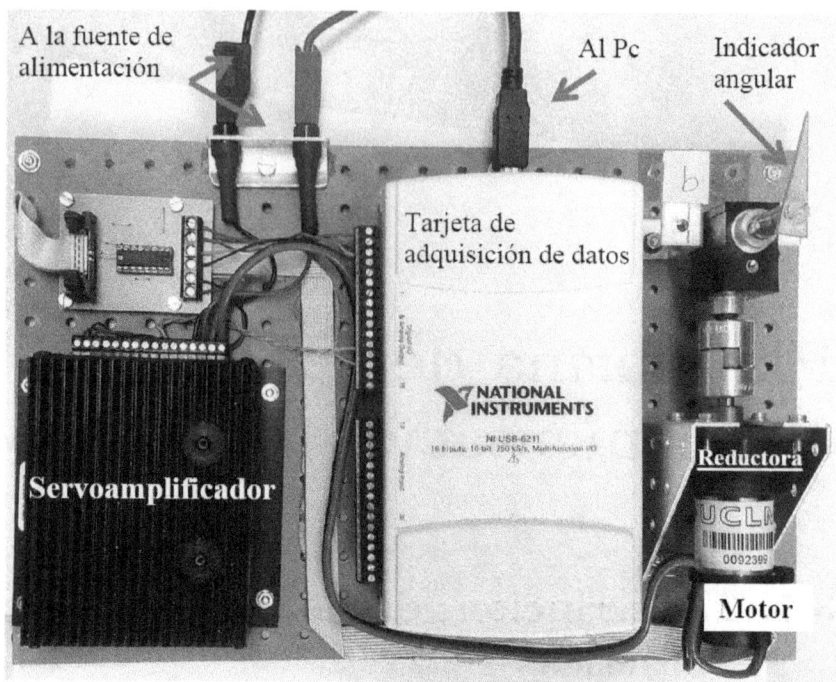

A la fuente de alimentación

Al Pc

Indicador angular

Tarjeta de adquisición de datos

NATIONAL INSTRUMENTS

NI USB-6211
16 BdAs, 16 bit, 250 kS/s, Multifunction I/O

Servoamplificador

Reductora

UCL

0092399

Motor

Figura 3.1: Plataforma experimental de prácticas.

motor mediante un ordenador utilizando una señal de tensión $V(t)$ y leer en todo momento la posición del ángulo de la salida de la reductora $\theta_r(t)$. La Figura 3.1 muestra el aspecto de la plataforma experimental.

3.2. Modelo de la plataforma experimental

Con lo indicado anteriormente, debido a la presencia del servoamplificador, el subsistema electromagnético se ha hecho tan rápido que se considera que su respuesta es instantánea y su dinámica afecta muy poco a la respuesta del sistema global, por lo que puede prescindirse de las ecuaciones (2.1), (2.2) y (2.3). Dicha respuesta global vendrá entonces caracterizada por la dinámica del subsistema más lento, que es el mecánico. Entonces el modelo dinámico del conjunto motor-servoamplificador queda reducido a:

$$k_m \cdot V(t) = T(t) = J \cdot \frac{d^2\theta_r(t)}{dt^2} + b \cdot \frac{d\theta_r(t)}{dt} + T_c(t) \qquad (3.1)$$

Si se supone nulo el término no lineal $T_c(t)$ debido al rozamiento de Coulomb, se obtiene una ecuación lineal donde pueden definirse las constantes $A = k_m/J$ y $B = b/J$ que dependen de los parámetros característicos del motor (inercia del rotor, coeficiente de rozamiento viscoso y constante del motor-servoamplificador), y que permiten expresar la ecuación de forma más compacta:

$$V(t) \cdot A = \frac{d^2\theta_r(t)}{dt^2} + B \cdot \frac{d\theta_r(t)}{dt} \qquad (3.2)$$

Atendiendo a la forma de (3.2), es muy sencillo modelar el comportamiento del motor mediante la siguiente función de transferencia:

$$G(s) = \frac{\Theta_r(s)}{V(s)} = \frac{A}{s \cdot (s + B)} \qquad (3.3)$$

siendo $\Theta_r(s) = \mathcal{L}(\theta_r(t))$ y $V(s) = \mathcal{L}(v(t))$.

El objetivo de algunas de las prácticas aquí descritas es, como ya se comentó anteriormente, identificar los parámetros A y B de cada plataforma experimental con objeto de poder obtener su modelo lineal y, a partir de él, analizar el sistema y diseñar un control apropiado.

3.3. Descripción de las fuentes de alimentación regulables

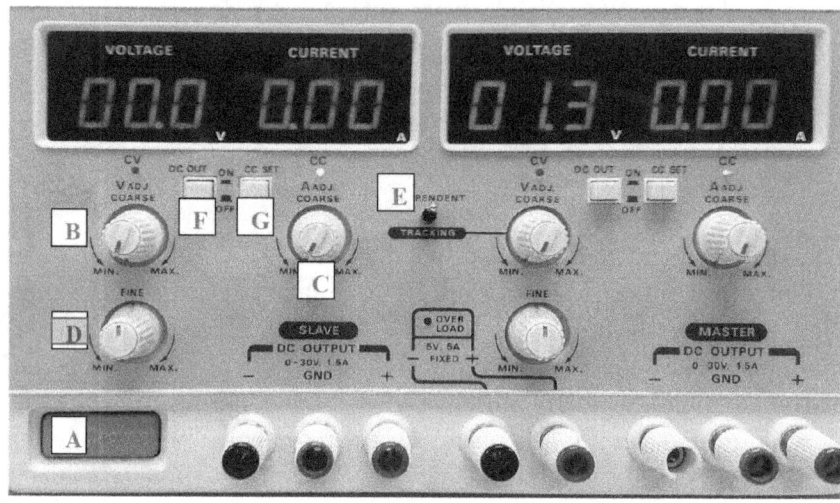

Figura 3.2: Panel Frontal de la fuente de alimentación regulable.

Las fuentes de alimentación empleadas en las prácticas proporcionan la energía eléctrica necesaria para mover el motor, asegurando una tensión continua y constante. El procedimiento para configurar correctamente las fuentes se describe a continuación.

En primer lugar, por seguridad, se desconectará la fuente y se partirá de un estado de puesta a cero (para evitar trabajar con configuraciones incorrectas producidas por otros grupos de prácticas):

1. Comprobar que la fuente se encuentra desconectada (Botón A)

2. Girar los diales B y C hasta su mínimo (en sentido anti horario)

3. Poner el dial del ajuste fino en su posición media (Dial D)

4. Seleccionar el modo de trabajo independiente (Interruptor E)

5. Desconectar DC OUT y CC SET comprobando que F y G se encuentran sobresaliendo (no están presionados).

A continuación se conectarán los cables de alimentación del motor.

Por último se ajustará el voltaje que se desea aplicar al motor (15V) de la siguiente forma:

1. Encender la fuente de alimentación (Botón A)

2. Seleccionar el control en voltaje presionando el botón F

3. Girar el dial C hasta su posición central (sentido horario)

4. Incrementar cuidadosamente el voltaje aplicado a la fuente con el dial B

5. Realizar el ajuste fino con el dial D hasta alcanzar los 15 V

Nota: Es imprescindible apagar la fuente de alimentación cada vez que se vaya a desconectar el motor o dejar los terminales de conexión al aire

Parte II

MATLAB Y SIMULINK

4

Introducción a MATLAB

4.1. Introducción

MATLAB es el nombre abreviado de "MATrix LABoratory". MATLAB es un programa para realizar cálculos numéricos orientado principalmente al trabajo con vectores y matrices. Adicionalmente, puede trabajar con números complejos, con cadenas de caracteres y con estructuras más complejas. MATLAB tiene un lenguaje de programación propio de tipo interpretado, lo que lo hace más lento que códigos equivalentes desarrollados en C/C++, pero que, debido a su alto nivel, permite desarrollar gran cantidad de análisis numéricos con gran facilidad.

Adicionalmente, MATLAB cuenta con una amplia biblioteca de funciones predefinidas y permite realizar simulaciones de modelos de sistemas dinámicos utilizando la toolbox de Simulink. Tanto MATLAB como Simulink serán las principales herramientas de análisis y diseño que se utilizarán a lo largo de todas las prácticas, por lo que a continuación se explicarán en detalle.

4.2. Comandos de uso frecuente

La pantalla principal que aparece al iniciar MATLAB presenta habitualmente un aspecto similar al mostrado en la Figura 4.1. La parte más importante es la "Command Window", que aparece en la parte central. En esta sub-ventana es donde se ejecutan los comandos de MATLAB. A continuación del prompt (aviso) característico ($>>$), también podemos encontrar otras dos pantallas: la pantalla del "Workspace", donde se muestran las variables creadas hasta el momento, y la pantalla del "Command History", donde se encuentran todos los comandos que se han ido introduciendo en la "Command Window".

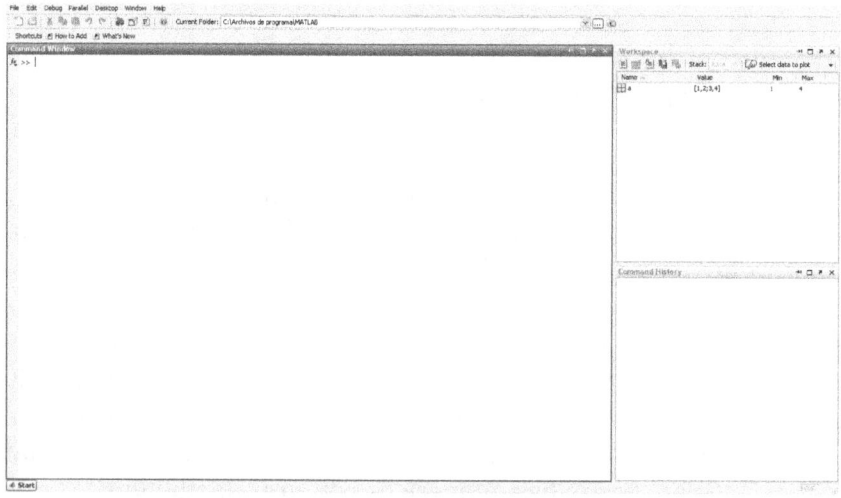

Figura 4.1: Ventana inicial de MATLAB.

Como se comentó anteriormente, MATLAB se encuentra orientado al trabajo con vectores y matrices, por lo que los primeros comandos que deben conocerse son los necesarios para manipular conjuntos de datos ordenados en forma de vectores y

24

matrices. Para este efecto se recomienda leer alguno de los numerosos manuales de ayuda básicos sobre MATLAB que pueden encontrarse de forma gratuita en internet, o utilizar la propia ayuda de MATLAB a la que se puede acceder mediante el comando `help`. No obstante, a continuación se propone un código de ejemplo donde se ilustran las diferentes formas de trabajar con vectores y matrices en MATLAB, así como los comandos para su representación. Es conveniente notar el hecho de que MATLAB presenta una estructura de datos adicional conocida como celda y que consiste en una variable capaz de almacenar varios vectores y matrices simultáneamente. Para comprender correctamente los conceptos plasmados en los códigos de ejemplo, resulta aconsejable copiar dichos códigos a mano en MATLAB prestando especial atención al uso de los signos de puntuación y al uso de paréntesis ("(...)"), corchetes ("[...]"), y llaves ("{...}").

```matlab
%% Codigos para limpiar el espacio de trabajo
clear all; % Borrar todas las variables
close all; % Cerrar todas las figuras
clc;       % Limpiar la ventana de comandos



%% Creacion de vectores de datos
% Datos desde 0 hasta 10 con incrementos de 0.5
t = [0:0.5:10]

% Vector equiespaciado desde 0 hasta 10 con 21
    elementos
t2 = linspace(0,10,21)

% Vector de datos concretos
F = [0.1 0.2]

```

```matlab
% Acceso al dato de un vector
Dato = F(2)

% Creacion de un vector a partir de operaciones sobre
% otro vector
c1 = sin(2*pi*F(1)*t)
c2 = sin(2*pi*F(2)*t)

% Transposicion  de un vector
f1 = c1'
f2 = c2'

% Creacion de una matriz a partir de vectores
M1 = [c1;c2]
M2 = [f1,f2]

% Representacion de datos
figura1 = figure('color',[1,1,1]);
plot(t,c1,t,f2);
legend('Frecuencia = 0.1 Hz','Frecuencia = 0.2 Hz');
xlabel('Tiempo (seg)');
ylabel('Amplitud (V)');
title('Grafica 1')

% Creacion de una celda con vectores
C1{1} = c2
C1{2} = M1

% Acceso al contenido de una celda
Contenido_Celda = C1{1}

% Dimensiones de una matriz
```

```
49   [Largo,Ancho] = size(M1)
50
51   % Longitud de un vector (Numero de elementos)
52   Longitud = length(f1)
```

Adicionalmente otros comandos que son de gran utilidad, son los destinados a la realización de ajustes polinómicos de vectores de datos y los destinados a la evaluación de expresiones polinómicas. Dichos comandos se detallan a continuación:

Función polyfit

polyfit: función que ajusta un polinomio a un conjunto de datos.

P = polyfit(X,Y,n) devuelve en P los coeficientes del polinomio de orden n que mejor se ajusta a un conjunto de puntos cuyas coordenadas en x están en el vector X y cuyas coordenadas en y están en el vector Y. Obsérvese que P será un vector de dimensión $n + 1$

Función polyval

`polyval`: función que evalúa un polinomio.

`Y = polyval(P,X)` donde P es un vector de dimensión $n+1$ cuyos elementos son los coeficientes del polinomio a evaluar. Y es el valor del polinomio evaluado en la abscisa X según: $Y = P(1) * X ^\wedge n + P(2) * X ^\wedge(n-1) + ... + P(n) * X + P(n+1)$.

Si X es una matriz o vector, el polinomio es evaluado en todos los puntos de X generándose una estructura de datos de salida Y con las mismas dimensiones que X.

Por último, para poder trabajar con datos experimentales es necesario poseer nociones básicas tanto de métodos numéricos como de procesado de señales. Puesto que tratar esto en detalle daría lugar a la elaboración de libros completos sobre dichos temas, a continuación se detallan varios ejemplos ilustrativos realizados en MATLAB donde pueden verse aplicaciones prácticas de los casos mas básicos de estos campos, como son la integración y derivación numérica en el caso de los métodos numéricos, y el filtrado de una señal ruidosa en el caso del procesado de señales:

Derivación numérica

```matlab
%%Codigos para limpiar el espacio de trabajo
clear all;  % Borrar todas las variables
close all;  % Cerrar todas las figuras
clc;        % Limpiar la ventana de comandos
```

```
%% Creacion de datos para aplicar derivacion numerica
% Datos desde tiempos
t = [0:0.001:10];

% Senal a derivar
y=sin(2*t)

% Derivacion numerica de primer orden
y_derivada(1)=NaN;
for i=2:length(y)
    Dt=(t(i)-t(i-1));
    Dy=(y(i)-y(i-1));
    y_derivada(i)=Dy/Dt;
end

% Representacion de datos
figura1 = figure('color',[1,1,1]);
plot(t,y,t,y_derivada);
legend('Senal original (sin(2t))','Senal derivada (2*
    cos(2t))');
xlabel('Tiempo (seg)');
ylabel('Amplitud (V)');
```

Si se ejecuta el código anterior en MATLAB, puede verse que el resultado es equivalente a derivar la función de forma analítica y evaluar esta expresión para cada valor de "t". No obstante, merece la pena mencionar que, como se hace uso de la definición incremental de la derivada (donde se calcula como la pendiente entre dos puntos consecutivos), no existe un valor definido de la derivada cuando solamente se dispone de un punto, y por eso el primer elemento del vector que contiene los valores de la derivada se inicializa mediante y_derivada(1)=NaN;. De esta forma se refleja que el primer valor no es un número definido (Not A Number.)

Integración numérica

```matlab
%% Codigos para limpiar el espacio de trabajo
clear all; % Borrar todas las variables
close all; % Cerrar todas las figuras
clc;       % Limpiar la ventana de comandos


%% Creacion de datos para aplicar integracion
    numerica
% Datos desde tiempos
t = [0:0.001:10];

% Senal a integrar
y=sin(2*t)

% Integracion numerica, regla trapezoidal
Int_y(1)=0;
for i=2:length(y)
    Dt=(t(i)-t(i-1));
    Med_y=(y(i)+y(i-1))/2;
    Int_y(i)=Int_y(i-1)+(Med_y*Dt);
end

% Representacion de datos
figura1 = figure('color',[1,1,1]);
plot(t,y,t,Int_y);
legend('Senal original (sin(2t))','Area bajo la curva
    (sin(2t))');
```

```
26  xlabel('Tiempo (seg)');
27  ylabel('Amplitud (V)');
```

En este caso la ejecución del código propuesto como ejemplo da como resultado el cálculo de la integral definida en el intervalo t=[0,10] (el área contenida debajo de la curva de la función original). En este caso el método de integración numérica emplea la regla trapezoidal, donde son necesarios dos puntos consecutivos de la función para poder calcular el área que se encuentra bajo dichos puntos. Por este motivo, el primer valor de la integral calculada numéricamente es 0 (la curva definida por un solo punto no puede encerrar ningún área debajo de él).

Filtrado de señales

```
1   %%Codigos para limpiar el espacio de trabajo
2   clear all;  % Borrar todas las variables
3   close all;  % Cerrar todas las figuras
4   clc;        % Limpiar la ventana de comandos
5
6
7   %%Creacion de medidas ficticias
8   t = [0:0.001:10];        % tiempo del experimento
9   % posicion angular del motor
10  y = 0.7.*(exp(-t)).*sin(2*t)+0.5.*(1-exp(-t));
11
12  %%Creacion de ruido en la medida
13  ruido=zeros(size(t));
14  ruido(16:20:end)=-1;
15  ruido(6:20:end)=1;
16
```

```matlab
%%Inclusion del ruido en la medida de posicion
    angular
y_r=y+0.5*ruido;

%%Representacion de la senal ideal y ruidosa para
%comparar
figura1 = figure('Color',[1,1,1]);
plot(t,y,'*',t,y_r)
legend('Senal Ideal','Senal Ruidosa');
xlabel('Tiempo (seg)');
ylabel('Posicion Angular (\Theta)');


%%Filtrado de la senal ruidosa mediante una media
    movil
L=20;     % Longitud de la ventana de media movil
M=[];     % Matriz vacia en la que poner los elementos
          % sobre los que hacer la media movil
y_f=[]; % Valor filtrado de la poscion angular

for i=1:length(t)      % recorremos todos los elementos
    M=[M,y(i)];        % incluimos cada elemento nuevo a
        M
    if length(M)>L % Si M tiene mas elementos que L
        M=M(2:end); % Eliminamos el mas antiguo de M
    end
    y_f(i)=mean(M); % Realizamos la media sobre la
        ventana
end

%%Representacion de la senal ideal y filtrada para
%comparar
```

```
Figura1 = figure ('Color',[1,1,1]);
plot(t,y,t,y_f);
legend('Senal Ideal','Senal Filtrada');
xlabel('Tiempo (seg)');
ylabel('Posicion Angular (\Theta)');
```

Para el filtrado de señales se propone como método el cálculo de la media móvil considerando un número de datos (o ventana) constante, de forma que cuando se añade un nuevo dato debe eliminarse el de mayor antigüedad. No obstante, este método se ha propuesto por ser uno de los más sencillos de implementar, pero existen numerosas técnicas para realizar el filtrado de datos. Una vez completada la siguiente sección dedicada al manejo de Simulink, el lector podrá comprobar que los bloques destinados a la definición de funciones de transferencia pueden emplearse para implementar filtros a medida para el filtrado de señales. Esta comprobación se deja como ejercicio al lector.

Otros comandos útiles

```
%% Codigos para limpiar el espacio de trabajo
clear all; % Borrar todas las variables
close all; % Cerrar todas las figuras
clc;       % Limpiar la ventana de comandos


%% Creacion de medidas ficticias
t = [0:0.001:10];         % tiempo del experimento
% posicion angular del motor
y = 0.7.*(exp(-t)).*sin(2*t)+0.5.*(1-exp(-t));
```

```matlab
%%Codigos utiles para el analisis de la respuesta
% temporal de un motor

%%Busqueda del valor en regimen parmanente
Permanente = mean(y(end—100:end));

%%Definicion de un rango de +-5% sobre el permanente
Lim_sup = 1.05*Permanente;
Lim_inf = 0.95*Permanente;
Dibuja_lim_sup=Lim_sup*ones(size(t));
Dibuja_lim_inf=Lim_inf*ones(size(t));

%%Busqueda del tiempo de establecimiento
for i=1:length(t)
    if (y(i)>Lim_sup||y(i)<Lim_inf)
    indice=i; % indice del ultimo elemento
             % que esta fuera del rango +-5%
    end
end
T_est=t(indice+1) % Tiempo de establecimiento
Y_t_est=y(indice+1); % Valor de la posicion angular
                     % en el tiempo de establecimiento

%%Representacion de datos
Figura1 = figure ('Color',[1,1,1]);
plot(t,y,T_est,Y_t_est,'o',t,Dibuja_lim_sup,'k—',t,
    Dibuja_lim_inf,'k—');
legend('Posicion angular \Theta','Punto de corte','\
    pm 5%' );
xlabel('Tiempo (seg)');
ylabel('\Theta (rad)');
```

Por último, el código anterior se propone como ejemplo de aplicación al análisis de la respuesta temporal proporcionada por sistemas de segundo orden subamortiguados. En este caso se ilustra cómo utilizar un bucle `for` para recorrer los datos que componen la respuesta temporal y encontrar el tiempo de establecimiento del sistema.

4.3. Manejo de funciones de transferencia y simplificación de diagramas de bloques con Matlab

Con las funciones que aquí se describen se pueden definir funciones de transferencia, operarlas y simular su respuesta temporal.

Función tf

`tf`	creación de una función de transferencia o conversión a una función de transferencia.
`sys = tf(num,den)`	crea una función de transferencia en tiempo continuo con numerador `num` y denominador `den`. La salida de `sys` es un objeto `tf`.
`s = tf('s')`	crea la función de transferencia $H(s) = s$ (variable de Laplace).

Ejemplos de utilización:

```
>>G1 = tf([2 6],[3 4 5])

Transfer function:
    2 s + 6
- - - - - - - - -
3 s^2 + 4 s + 5
```

```
>>s = tf('s');
>>G2 = (s+3)/(s^2+2*s+1)

Transfer function:
      s + 3
- - - - - - - - -
s^2 + 2 s + 1
```

Las funciones de transferencia creadas como objetos tf pueden ser operadas algebraicamente con operadores aritméticos: +, −, *, /.

```
>>G3=G1*G2

Transfer function:
        2 s^2 + 12 s + 18
- - - - - - - - - - - - - - - - - - - -
3 s^4 + 10 s^3 + 16 s^2 + 14 s + 5
```

Función zpk

zpk	creación de un modelo zero-polo-ganancia o conversión a un modelo zero-polo-ganancia
sys = zpk(z,p,k)	crea un modelo zero-polo-ganancia sys con ceros z, polos p, y ganancia k. La salida sys es un objeto zpk

Ejemplos de utilización

```
>>G4 = zpk([-1],[1 -1],3)

Zero/pole/gain:
  3 (s+1)
- - - - - - - -
(s-1)  (s+1)
```

```
>>zpk(G2)

Zero/pole/gain:
  (s + 3)
- - - - - - -
s  (s+1)^2
```

Función rlocus

rlocus:	calcula y representa el lugar de las raíces de sistemas lineales invariantes de una entrada y una salida.

Ejemplos de utilización:

```
>>s = tf ('s');
G_s = (s+3)/(s^2+2*s+1);
rlocus(G_s);
```

El resultado será una gráfica como la de la Figura 4.2, en la que se representa el lugar de las raíces de la función de transferencia anteriormente definida. De igual manera que con cualquier otra figura creada en MATLAB, el menú asociado a la representación del lugar de las raíces permite emplear la herramienta 'Data Cursor' para obtener datos sobre puntos concretos de la figura.

En el caso de una representación del lugar de las raíces mediante la función `rlocus`, la herramienta 'Data Cursor' devuelve como información del sistema en cadena cerrada en el punto elegido del lugar de las raíces:

1. La ganancia.

2. El valor del polo.

3. El amortiguamiento.

4. La sobreoscilación.

5. La frecuencia.

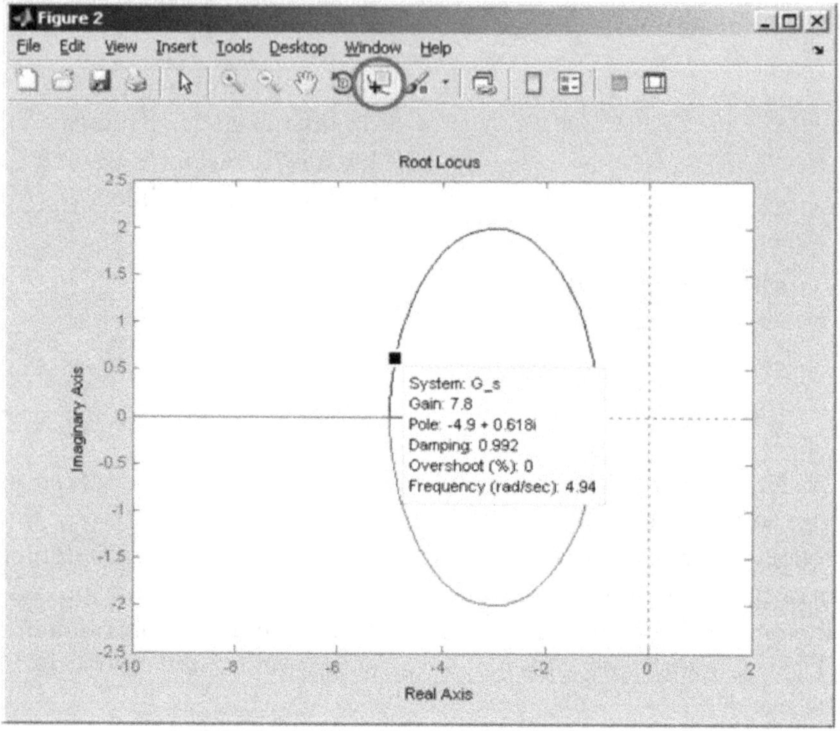

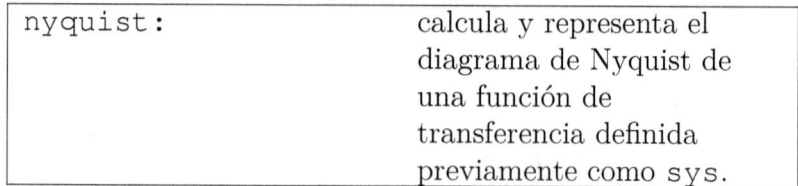

Figura 4.2: Empleo de la opción Data Cursor' en el lugar de las raíces generado con `rlocus`.

Función nyquist

nyquist:	calcula y representa el diagrama de Nyquist de una función de transferencia definida previamente como `sys`.

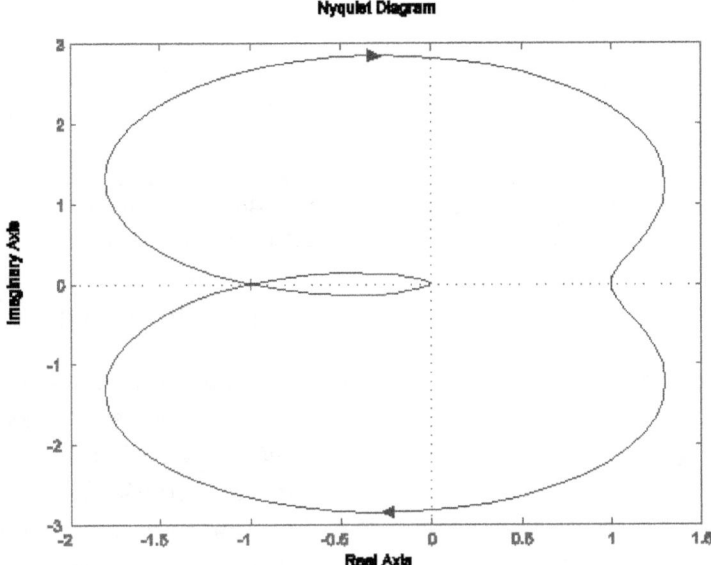

Figura 4.3: Trazado de Nyquist de $G(s)$ calculado por Matlab.

Ejemplos de utilización:

```
>>s = tf ('s');
G_s = (s+3)/(s^2+2*s+1);
nyquist(G_s);
```

El resultado será una gráfica como la de la Figura 4.3 en la que se representa trazado de Nyquist.

Funciones impulse, step y lsim

`Impulse:`	simula la respuesta temporal de sistemas lineales invariantes en el tiempo ante un impulso.
`Impulse (sys)`	representa la respuesta temporal del sistema `sys` (creado con `tf`, `zpk`, o `ss`) ante un impulso. El periodo de tiempo y el número de puntos son elegidos automáticamente.
`y = Impulse (sys,t)`	almacena en la variable y la respuesta del sistema `sys` ante un impulso. `t` es una variable que indica el tiempo de simulación o puede ser un vector indicando los instantes en los que se evalúa la función.

`step:`	simula la respuesta temporal de sistemas lineales invariantes en el tiempo ante un escalón.
`step (sys)`	representa la respuesta temporal del sistema `sys` (creado con `tf`, `zpk`, o `ss`) ante un escalón. El periodo de tiempo y el número de puntos son elegidos automáticamente.
`y = step (sys,t)`	almacena en la variable y la respuesta del sistema `sys` ante un impulso. `t` es una variable que indica el tiempo de simulación o puede ser un vector indicando los instantes en los que se evalúa la función.

`lsim:`	simula la respuesta temporal de sistemas lineales invariantes en el tiempo ante una entrada arbitraria.
`Lsim(sys,u,t)`	representa la respuesta temporal del sistema `sys` ante una señal de entrada definida por las variables u y t. t es el vector de tiempo y u el vector de amplitud de la señal de entrada.
`y = lsim (sys,u,t)`	almacena en la variable y la respuesta temporal del sistema `sys`.

Ejemplos de utilización

`>>step(G2)`	`>>impulse(G2)`	`>>t = 0:0.001:20;`
		`>>u = sin(t);`
		`>>lsim(G2,u,t`

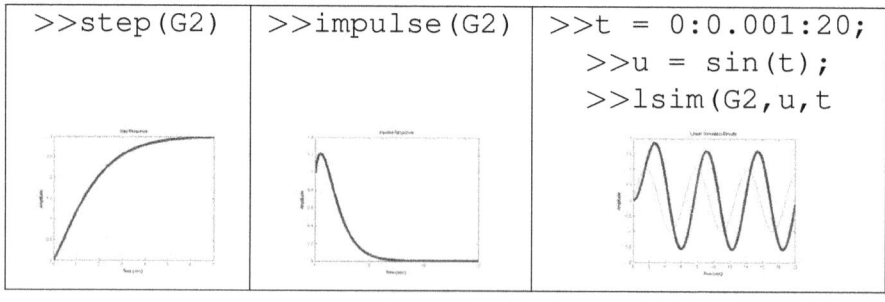		

4.3.1. Simplificación de diagramas de bloques

Operaciones a simplificar

Operación	Bloques originales	Simplificación	Función Matlab
En serie	→ $G_1(s)$ → $G_2(s)$ →	→ $G_1(s)G_2(s)$ →	`series(G1,G2)`
En paralelo	$G_1(s)$ — $G_2(s)$	→ $G_1(s)+G_2(s)$ →	`parallel(G1,G2)`
Realimentados	$G_1(s)$ — $G_2(s)$	→ $\dfrac{G_1(s)}{1+G_1(s)G_2(s)}$ →	`feedback(G1,G2)`

4.4. Ejercicios

1. Sea el diagrama de bloques que se muestra en la Figura 4.4.

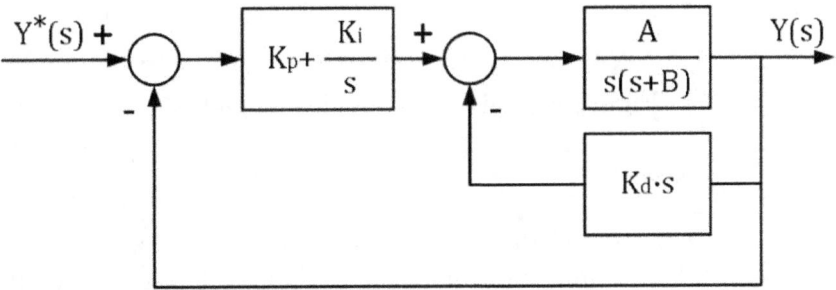

Figura 4.4: Diagrama de bloques de un motor de DC controlado mediante un controlador PID

45

Se pide:

a) Definir las distintas funciones de transferencia de dicho diagrama como objetos tf considerando los siguientes valores numéricos de los distintos parámetros: K_p=2, K_i=0.1, K_d=0.1, A=1 y B=1.

b) Simplificar el diagrama de bloques y obtener la función de transferencia $M_R(s)$ que relaciona la entrada al sistema $Y^*(s)$ con la salida $Y(s)$.

c) Simular con Matlab el modelo simplificado $M_R(s)$ ante entradas impulso, escalón y rampa.

2. Sea el diagrama de bloques que se muestra en la Figura 4.5.

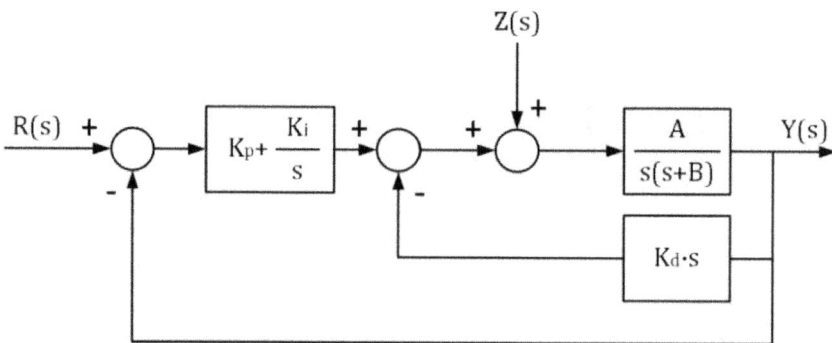

Figura 4.5: Sistema con dos entradas

Se pide:

a) Considerando los mismos valores de los parámetros del sistema. Simplificar el diagrama de bloques y obtener la función de transferencia $M_Z(s)$ que relaciona la entrada al sistema $Z(s)$ con la salida $Y(s)$.

5

Introducción a SIMULINK

5.1. Introduccion

Simulink es una plataforma para simulación multidominio y diseño basado en modelos de sistemas dinámicos y embebidos. Proporciona un entorno gráfico interactivo y un conjunto de librerías de bloques personalizables que permiten diseñar, simular, implementar y probar una gran variedad de sistemas con variación temporal, entre los que se incluyen sistemas de comunicaciones, control, procesado de señales, vídeo e imagen.

5.2. Conociendo Simulink

5.2.1. Abriendo Simulink

Pulsando en el entorno de Matlab sobre el icono de Simulink , se abrirá directamente la nueva interfase que se muestra en la Figura 5.1.

5.2.2. Creando un modelo

Con el icono de `new model` o bien en el menú de herramientas `File>> New>>Model`, se abrirá un nuevo modelo como se muestra en la Figura 5.2.

5.2.3. Configurando la simulación

Es necesario guardar el modelo con un nombre permitido (p.ej. `sistema1`). La extensión de los archivos de Simulink es `.mdl`. En el menú de herramientas del modelo, se accede a la configuración de los parámetros de simulación en `Simulation>>Configuration Parameters...` como se muestra en la Figura 5.3.

Los parámetros de configuración que habitualmente elegiremos para realizar las distintas simulaciones serán:

Simulation time:

Stop time:	`t_sim`

Solver options:

Type:	`Fixed-step`
Solver:	`ode4(Runge-Kutta)`
Fixed-step size:	`h`

Esta configuración de simulación permitirá simular `t_sim` unidades de tiempo (variable que habrá que definir previamente) con un tiempo de muestreo fijo de `h` unidades de tiempo (variable que también habrá que definir previamente).

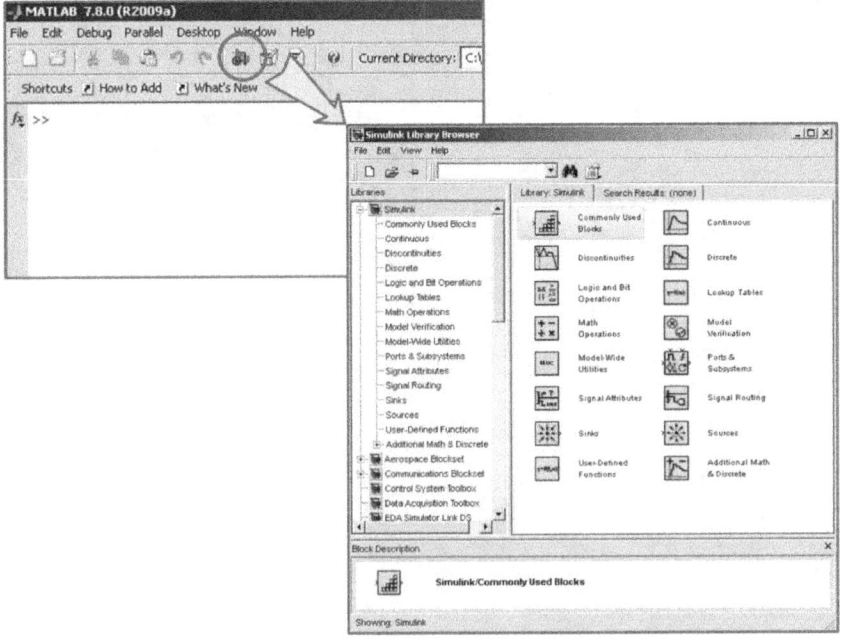

Figura 5.1: Interfaz principal de Simulink.

5.2.4. Construyendo el modelo

Para añadir elementos al modelo se arrastran los elementos del menú gráfico de Simulink hacia el modelo creado como se muestra en la Figura 5.4.

Los bloques que se usarán a lo largo de este libro se resumen en la siguiente tabla.

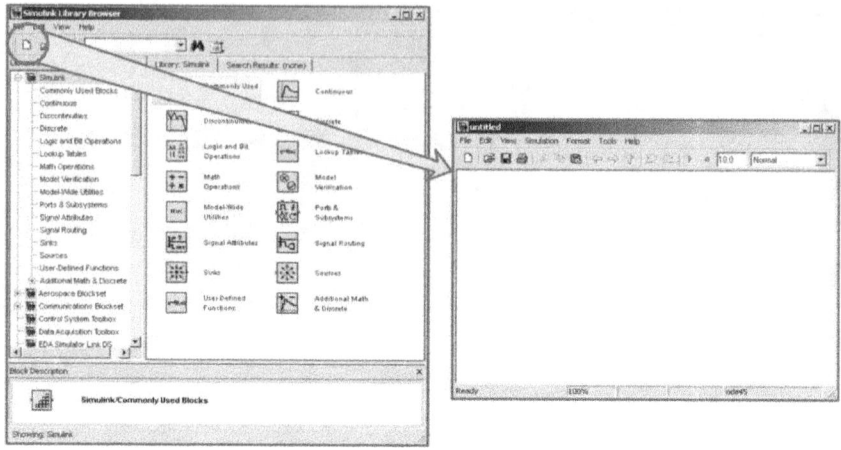

Figura 5.2: Creación de un nuevo modelo de Simulink.

Continuous		
Transfer Fcn	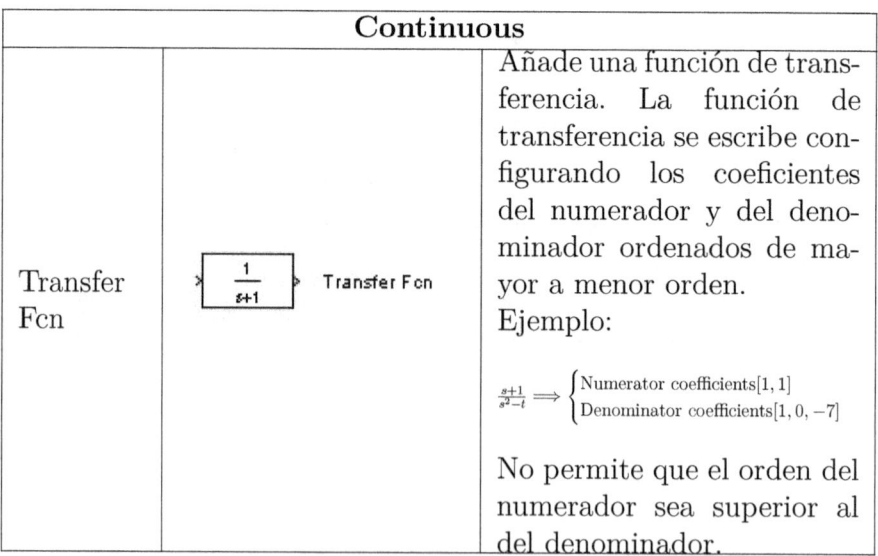	Añade una función de transferencia. La función de transferencia se escribe configurando los coeficientes del numerador y del denominador ordenados de mayor a menor orden. Ejemplo: $$\frac{s+1}{s^2-t} \Longrightarrow \begin{cases} \text{Numerator coefficients}[1,1] \\ \text{Denominator coefficients}[1,0,-7] \end{cases}$$ No permite que el orden del numerador sea superior al del denominador.

50

Derivative	du/dt Derivative	Añade un operador derivada. En el dominio de Laplace es equivalente a añadir una 's'.
Integrator	$\frac{1}{s}$ Integrator	Añade un operador integral. En el dominio de Laplace es equivalente a añadir un '1/s'. Es equivalente a incluir el bloque de Transfer Fcn con los siguientes parámetros (Numerator coefficient: [1]/ Denominator coefficient: [1 0])
Discontinuities		
Saturation	Saturation	Determina los límites superior e inferior de la señal de entrada, para valores fuera de este rango la señal satura.
Math operations		
Gain	1 Gain	Añade una ganancia que, al efecto, multiplica la señal por una cantidad determinada.
Sum	+ + Sum	Suma o resta múltiples señales.
Sinks		

51

		Crea una variable en el espacio de trabajo de MATLAB, almacenando la variable de simulación. Nosotros siempre configuraremos la variable como un vector (Save format: Array).
To Workspace	simout To Workspace	
Sources		
Clock	Clock	Crea una variable con el tiempo de simulación.
Constant	1 Constant	Crea una constante de valor configurable
Step	Step	Crea un escalón de valor y tiempo de comienzo configurables.
User-Defined Functions		
Interpreted MATLAB Function	Interpreted MATLAB Fcn	Permite definir funciones con comportamientos personalizados. Ideal para definir comportamientos complejos como el rozamiento de Coulomb.

La interconexión de los bloques se realiza colocándonos en las proximidades de la salida de un bloque, pulsando el botón izquierdo del ratón y, sin soltar, alcanzando la entrada del elemento con el que se quiere realizar la conexión, como puede verse en la Figura 5.5.

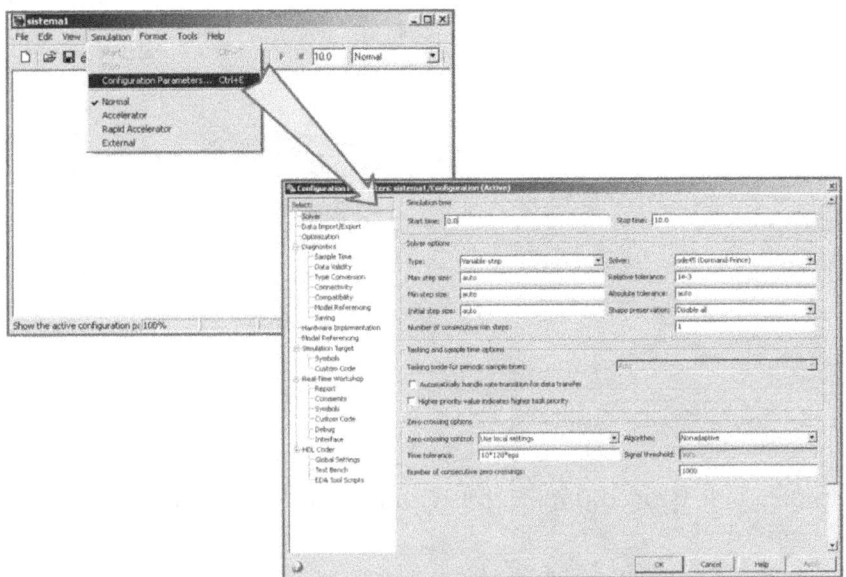

Figura 5.3: Pantalla de configuración de los parámetros de la simulación.

5.2.5. Ejecutando la simulación y representando resultados

Para ejecutar la simulación es preciso que se encuentren definidas todas las variables necesarias de la 'configuración de los parámetros de simulación' así como todas las variables que se empleen en el modelo. Una vez definidas todas las variables necesarias, podrá ejecutarse la simulación pulsando el botón ▶ del menú de herramientas del modelo o bien ejecutando la siguiente sentencia: `sim sistema1`, donde 'sistema1' es el nombre del modelo. Tras la ejecución, las variables que hayan sido conducidas a los bloques 'To workspace' estarán disponibles, por ejemplo, para representarlas gráficamente.

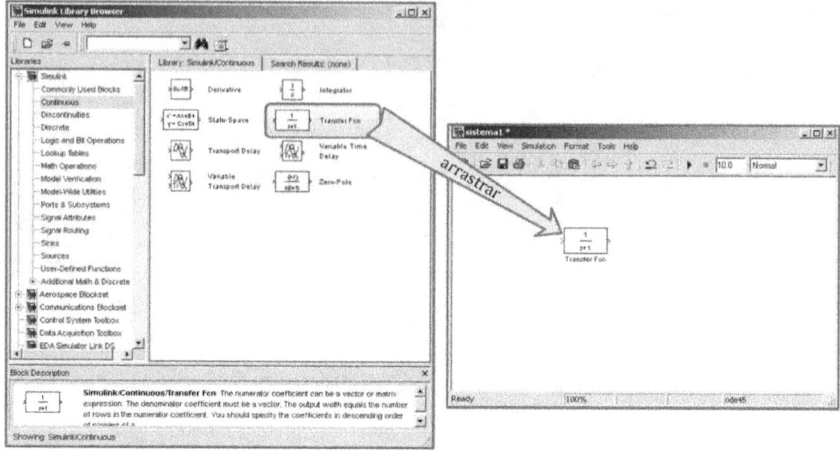

Figura 5.4: Procedimiento para añadir nuevos bloques al modelo de Simulink

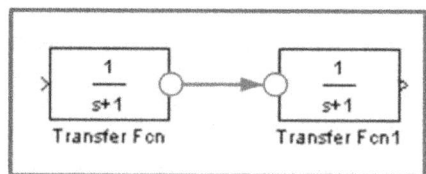

Figura 5.5: Procedimiento para conectar dos bloques en Simulink

5.3. Ejercicios

5.3.1. Simplificación de diagramas de bloques

Sea el diagrama de bloques que se muestra en la Figura 5.6. Se pide:

1. Simular el diagrama de bloques con Simulink excitando al sistema con la entrada $Y^*(s)$ que se muestra en la Figura

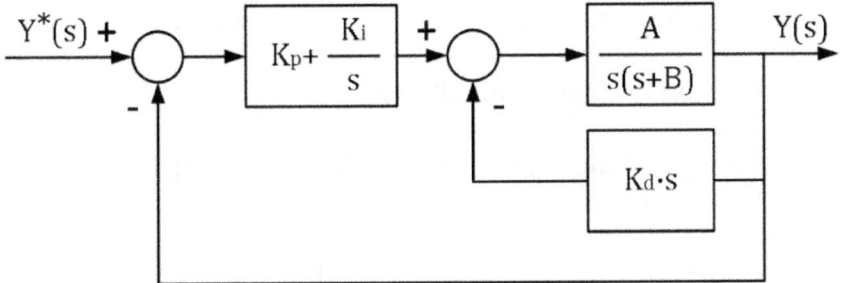

Figura 5.6: Diagrama de bloques de un motor de DC controlado mediante un controlador PID

5.7 y representar gráficamente la entrada y la salida del sistema.

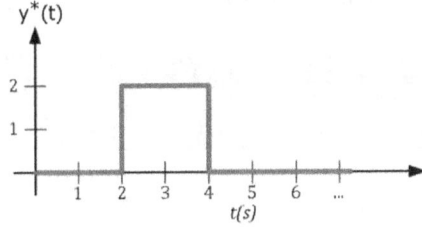

Figura 5.7: Señal de entrada aplicada al sistema

2. Utilizando la función de transferencia equivalente $M_R(s)$ que relaciona la salida, $Y(s)$, con la entrada, $Y^*(s)$, obtenida en los ejercicios del capítulo anterior, realizar su simulación con Simulik y excitar el sistema con la entrada $R(t)$ de la Figura 5.7. Comprobar que la respuesta del sistema coincide con la obtenida en el punto anterior.

Datos de Simulación:

Tiempo de simulación: 20 segundos.

Tiempo de muestreo (fijo): 0.001 segundos (método 'ode4 Runge-Kutta').

Constantes para la simulación: $A = 1$, $B = 1$, $K_p = 2$, $K_d = 0{,}1$, $K_i = 0{,}1$.

Solución:

Como guía para la realización de este primer modelo en Simulink, se adjunta el aspecto del modelo creado, copiando dicho diagrama, y configurando el valor de los 'steps' para crear la referencia $R(t)$ de la Figura 5.7.

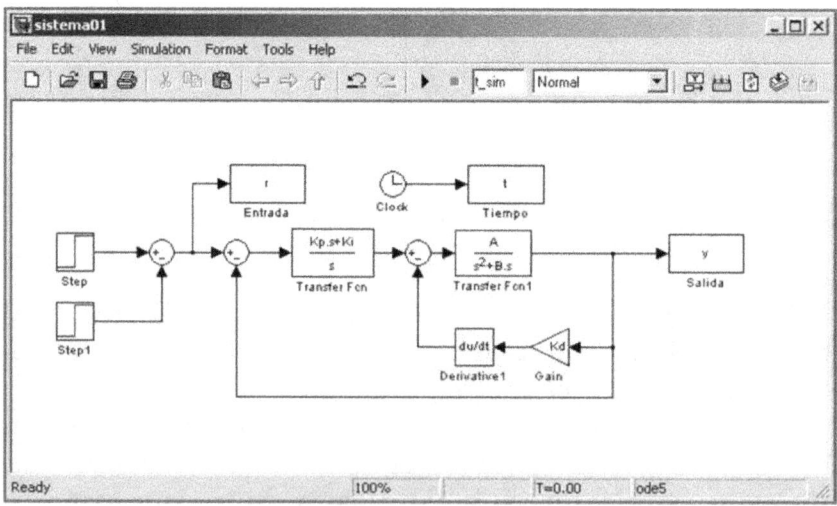

Figura 5.8: Sistema de la Figura 5.6 representado mediante bloques de Simulink

Una vez generado el modelo, se crean las variables de simulación y los parámetros de la simulación en un nuevo archivo de MATLAB (script).

```matlab
% 1. Parametros de simulacion
h     =  0.001;
t_sim = 20;

% 2. Parametros del sistema
A = 1;
B = 1;
Kp = 2;
Kd = 0.1;
Ki = 0.1;

% 2. Simulacion del archivo simulink
sim sistema01;

% 3. Representacion grafica
figura_1=figure('Color',[1,1,1]);

subplot(2,1,1);
plot(t,r);
axis([t(1) t(end) -0.2 3.2]);
xlabel('t(s)');
ylabel('entrada, r(t)');

subplot(2,1,2);
plot(t,y);
hold on;
xlabel('t(s)');
ylabel('salida, y(t)');
```

Tras ejecutar el script de matlab, debe obtenerse la respuesta de la Figura 5.9.

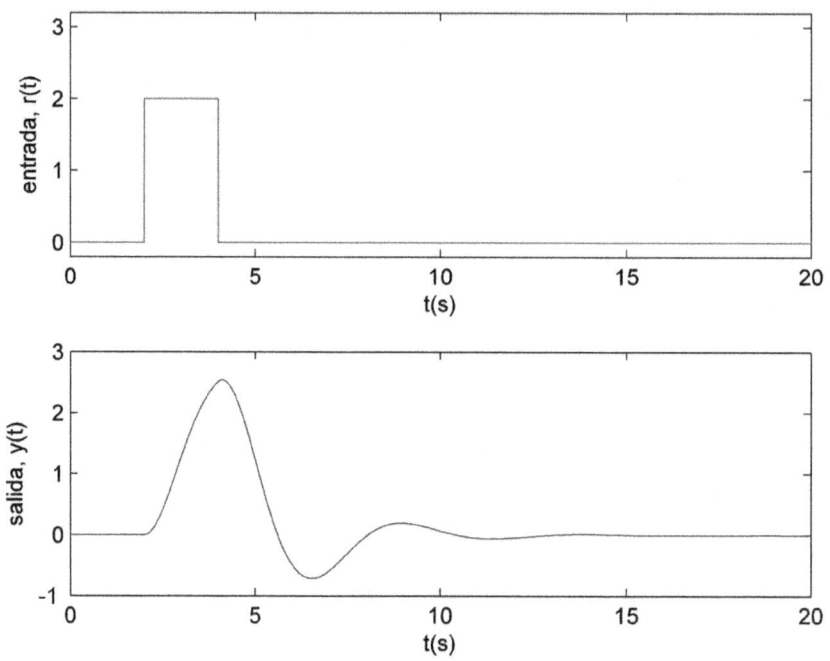

Figura 5.9: Respuesta del sistema simulado mediante Simulink

Es importante comprobar que la respuesta es la misma si se substituye el diagrama de bloques por la función de transferencia equivalente $M_R(s)$.

5.3.2. Modelo con dos entradas

Sea el diagrama de bloques con dos entradas, $Y^*(s)$ y $Z(s)$, y una salida, $Y(s)$ mostrado en la Figura 5.10.
Se pide:

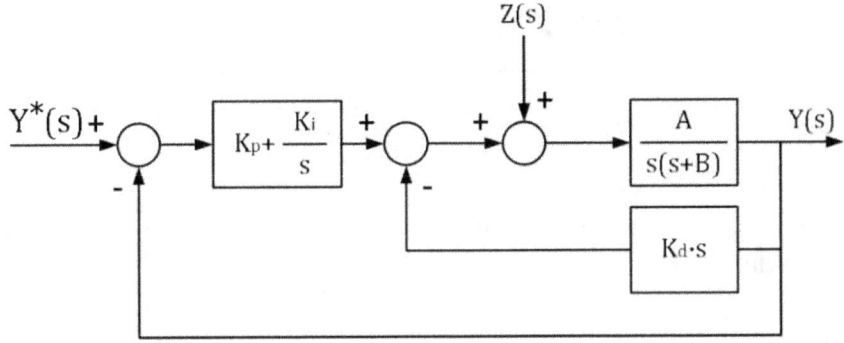

Figura 5.10: Sistema con dos entradas

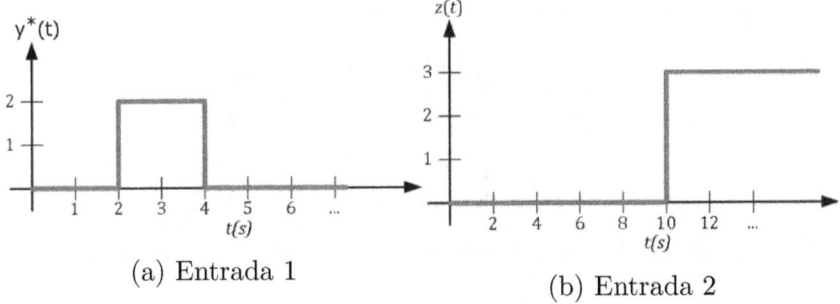

(a) Entrada 1

(b) Entrada 2

Figura 5.11: Entradas a aplicar al sistema

1. Simular el diagrama de bloques excitando al sistema con las entradas $Y^*(s)$ y $Z(s)$ que se muestran en la Figura 5.11.

2. Simular el diagrama de bloques mostrado en la Figura 5.12 (donde las funciones de transferencia $M_R(s)$ y $M_Z(s)$ se obtuvieron en los ejercicios del capítulo anterior) empleando las mismas entradas que en el apartado 1) y comprobar que los resultados obtenidos son idénticos.

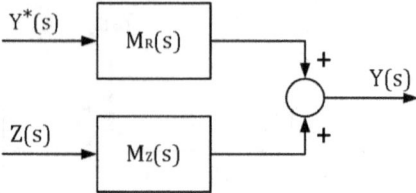

Figura 5.12: Diagrama de bloques equivalentes al sistema de dos entradas

5.3.3. Sistema de primer orden

Sea el sistema de primer orden de la Figura 5.13 donde K es la ganancia y T la constante de tiempo, ambas positivas.

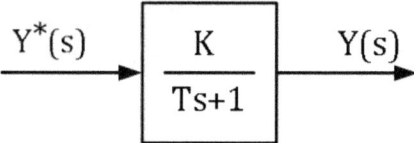

Figura 5.13: Diagrama de bloques de un sistema de primer orden

Se pide excitar el sistema mediante una entrada $R(s)$ escalón unitaria y determinar la relación entre el tiempo de establecimiento, t_s, y la constante de tiempo T. Con objeto de demostrar que la relación entre el tiempo de establecimiento y la constante de tiempo se mantiene es necesario que el alumno pruebe con múltiples valores de K y T.

5.3.4. Sistema de segundo orden

Sea el sistema de segundo orden de la Figura 5.14 donde K es la ganancia, ξ el coeficiente de amortiguamiento y ω_n la frecuencia natural del sistema. Se pide:

60

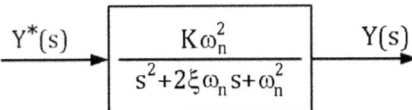

Figura 5.14: Diagrama de bloques de un sistema de segundo orden

1. Obtener la relación entre el coeficiente de amortiguamiento ξ del sistema, y la sobreoscilación M_p de su respuesta ante entrada escalón unitario, para $\omega_n = 1$ rad/s y $0 \leq \xi \leq 2$.

2. Obtener la relación entre la frecuencia natural del sistema, ω_n, y el tiempo de establecimiento t_s de su respuesta ante entrada escalón unitario, para $\xi = 1$ y $0{,}1 \leq \omega_n \leq 10$ rad/s.

6

Aplicación al motor de corriente continua

6.1. Introducción

Una vez vistas las herramientas matemáticas disponibles para el análisis de sistemas de control, se procederá a mostrar su aplicación a la tarea de desarrollar un modelo simulado de la plataforma experimental disponible en el laboratorio.

6.2. Simulación de motores

Como se indicó en el primer capítulo de este libro, a partir de las ecuaciones (2.1)–(2.8) puede modelarse el comportamiento de un motor de DC de imanes permanentes. Dichas ecuaciones modelan los fenómenos de naturaleza eléctrica y mecánica que rigen el comportamiento del motor. Sin embargo, como se comentó en el segundo capítulo, debido a las características de la electrónica de control empleada en el sistema experimental, la dinámica de la parte eléctrica del sistema es mucho mas rápida que la de la parte mecánica, y por lo tanto puede expresarse de la siguiente forma:

$$T(t) = k_m \cdot v(t) \tag{6.1}$$

donde k_m es una variable que relaciona el par electromecánico y el voltaje aplicado al motor. Considerando esta nueva relación, la parte eléctrica del sistema queda reducida al conjunto de ecuaciones definido por (6.1) y (2.4)–(2.8). Adicionalmente, como se sabe que el encoder del motor se encuentra situado antes de la reductora, se puede prescindir de la ecuación (2.7).

Con objeto de practicar mediante simulación el proceso de identificación, se emplearán las cinco ecuaciones restantes para calcular la función que relaciona el ángulo del motor con la tensión aplicada a la entrada del servoamplificador (variable de control). Una vez obtenida la función de transferencia se procederá a su implementaicón en Simulink, para realizar en posteriores capítulos los distintos procedimientos destinados a la identificación y control del motor de forma simulada sobre dicho modelo implementado en Simulink.

Combinando las ecuaciones (6.1) y (2.4)–(2.6) se obtiene la siguiente expresión:

$$\frac{k_m}{J} \cdot v(t) = \frac{d^2\theta_r(t)}{dt^2} + \frac{b}{J} \cdot \frac{d\theta_r(t)}{dt} + \frac{1}{J}T_c(t) \tag{6.2}$$

Si se definen los siguientes cambios de variable:

$$A = \frac{k_m}{J}, B = \frac{b}{J} \tag{6.3}$$

Puede obtenerse la siguiente expresión:

$$A \cdot \left(v(t) - \frac{1}{J \cdot A} \cdot T_c(t) \right) = \frac{d^2\theta_r(t)}{dt^2} + B \cdot \frac{d\theta_r(t)}{dt} \tag{6.4}$$

donde puede observarse que el rozamiento de Coulomb se expresa como una perturbación aplicada a la entrada del sistema de valor $\frac{T_c(t)}{J\cdot A}$ y, por tanto, viene expresado en voltios.Con el fin de que el modelo simulado del motor sea lo más fiel posible al comportamiento real del puesto de prácticas, se utilizará el modelo no lineal para el rozamiento de Coulomb propuesto en (2.8). Obsérvese que las fórmulas de (2.8) también representan el valor $\frac{T_c(t)}{J\cdot A}$ del rozamiento de Coulomb expresado en voltios, simplemente sustituyendo k_c por $\hat{k}_c = \frac{k_c}{J\cdot A}$.

Por último, para completar este modelo es necesario incluir otro fenómeno de naturaleza no lineal conocido saturación del servoamplificador. Este fenómeno consiste en que el servoamplificador no puede proporcionar pares por encima de un valor T_S. A ese valor le corresponde una tensión de saturación $V_S = T_S/k_m$, (que en el caso de la plataforma experimental será de 10 V). Esto significa que aunque se intente que el servoamplificador aplique tensiones distintas de las comprendidas en el rango [-10,10]V, dichas tensiones no producirán un par motor fuera del rango [-T_S,T_S]. Esto se representa gráficamente en la Figura 6.1 y se expresa según la fórmula siguiente:

$$T(t) = sign(T(t)) \cdot min(|T(t)|, T_S) \qquad (6.5)$$

o, puesto de forma equivalente en función de la tensión de entrada:

$$T(t) = k_m \cdot sign(v(t)) \cdot min(|v(t)|, V_S|) \qquad (6.6)$$

Una vez detalladas las fórmulas de los fenómenos de naturaleza no lineal que afectan al motor, puede verse que si se considera solamente la parte lineal del sistema (ya que las no linealidades se inclirán a parte en el diagrama de bloques de simulink), se

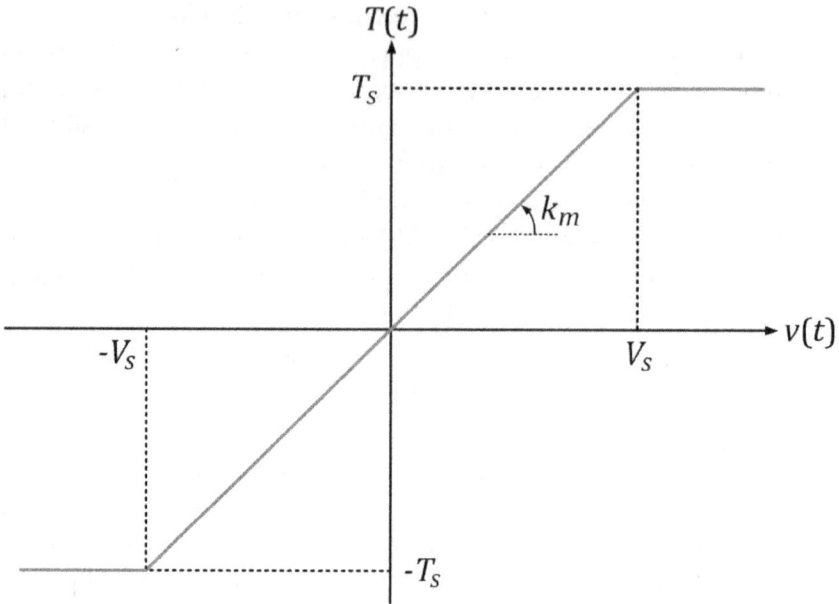

Figura 6.1: Función de saturación del servoamplificador.

tiene la siguiente expresión:

$$A \cdot v(t) = \frac{d^2\theta_r(t)}{dt^2} + B \cdot \frac{d\theta_r(t)}{dt} \qquad (6.7)$$

Que puede expresarse en forma de función de transferencia que relaciona la posición angular a la salida de la reductora con la tensión aplicada a la entrada del servoamplificador:

$$G(s) = \frac{\theta_r(s)}{V(s)} = \frac{A}{s(s+B)} \qquad (6.8)$$

6.2.1. Implementación en Simulink

A partir de todas las funciones de transferencia que determinan la dinámica lineal del motor y de las ecuaciones que determinan las no linealidades del motor puede construirse un diagrama de bloques en Simulink que reproduzca con precisión el comportamiento completo del motor.

En primer lugar, tras crear un nuevo modelo y salvarlo como "MotorSimulink.mdl", se procede a la configuración de los parámetros de la simulación como se explicó en el capítulo dedicado a Simulink. En esta ocasión los parámetros son los siguientes:

Simulation time:

Start time:	`t_0`
Stop time:	`t_f`

Solver options:

Type:	`Fixed-step`
Solver:	`ode4(Runge-Kutta)`
Fixed-step size:	`h`

A continuación se construye el diagrama de bloques mostrado en la Figura 6.2. Nótese que el rectángulo de línea punteada es un indicador que se ha añadido en este texto para resaltar los bloques que componen el sistema motor completo. Es importante tener en cuenta que dicho sistema solo tiene una entrada (el voltaje aplicado) y una sola salida (la posición angular), y que el resto de salidas son salidas ficticias destinadas a la representación de la evolución temporal de las distintas variables del sistema, que en ningún caso pueden utilizarse para controlar el sistema (por no disponerse de acceso a ellas en el sistema experimental).

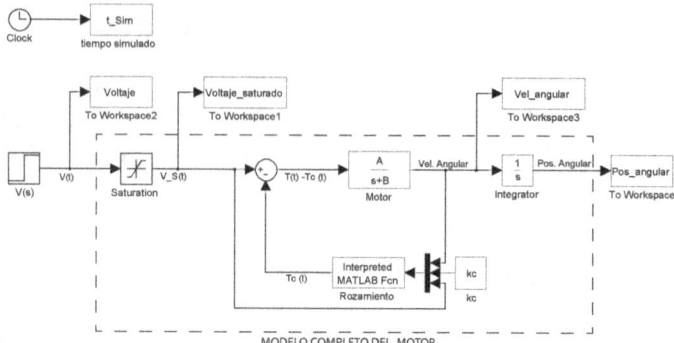

Figura 6.2: Modelo en Simulink de un motor de corriente continua

Una vez construido dicho diagrama, se configuran los parámetros de los distintos bloques como se muestra en la Figura 6.3.

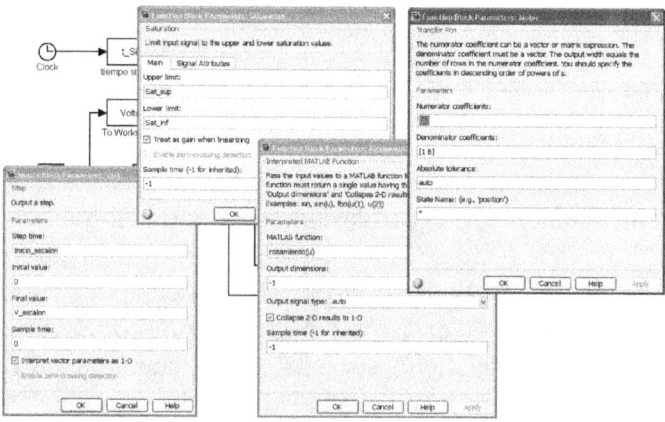

Figura 6.3: Modelo en Simulink de un motor de corriente continua

68

Tras realizar estos pasos se vuelve a salvar el archivo y se procede a crear dos ficheros ".m" con matlab. En primer lugar se crea un fichero llamado "rozamiento.m" con el siguiente código en su interior:

```
function roz=rozamiento(u)

Vel_ang=u(1);
kc=u(2);
V=u(3);

e=0.00001; %tolerancia de error admitida
% Se utiliza esta tolerancia porque en simulacion
% practicamente nunca se va a conseguir que la
% velocidad sea exactamente 0. Lo normal es que
% velocidad 0 se represente como 1.10^-16
% (lo que no es exactamente 0)

if    (abs(Vel_ang)<=e) && abs(V)<=kc
        roz = V;
else
        roz = sign(Vel_ang)*kc;
end
```

Este código se encarga de capturar el comportamiento no lineal correspondiente al rozamiento de Coulomb.

Por último, se crea un nuevo fichero ".m" llamado "simulacion.m" donde se definen todas los parámetros de la simulación que se han dejado en forma de variables, y donde se ejecutará la simulación y representación de resultados. Dicho código se presenta a continuación:

```
%%Codigos para limpiar el espacio de trabajo
clear all; % Borrar todas las variables
```

```matlab
close all;  % Cerrar todas las figuras
clc;        % Limpiar la ventana de comandos

% Parametros de la simulacion
t_0 = 0;
h   = 0.001;
t_f = 1;

% Parametros del motor
A = 70;
B = 7;

% Parametro del rozamiento de Coulomb
kc = 0.54;

% Parametros de la senal escalon
Inicio_escalon = 0;
V_escalon = 15;

% Parametros de la saturacion
Sat_sup = 10;
Sat_inf = -10;

%%Ejecucion de la simulacion
open MotorSimulink
sim MotorSimulink

%%Representacion de resultados
figura1 = figure('color',[1,1,1]);
plot(t_Sim,Voltaje,t_Sim,Voltaje_saturado);
legend('Voltaje aplicado','Voltaje tras la saturacion
    ');
```

```matlab
xlabel('Tiempo (seg)');
ylabel('Amplitud (V)');
title('Grafica 1')
axis([t_0,t_f,0,20])

figura2 = figure('color',[1,1,1]);
plot(t_Sim,Vel_angular);
legend('Velocidad angular del motor');
xlabel('Tiempo (seg)');
ylabel('Velocidad angular (rad/s)');
title('Grafica 2')
axis([t_0,t_f,0,100])

figura3 = figure('color',[1,1,1]);
plot(t_Sim,Pos_angular);
legend('Posicion angular del motor');
xlabel('Tiempo (seg)');
ylabel('Posicion angular (rad)');
title('Grafica 3')
```

Parte III

PRÁCTICAS DE CAD DE SISTEMAS DE CONTROL

7

Respuesta temporal de los sistemas: identificación de un motor de corriente continua

7.1. Objetivos de la práctica

- Analizar mediante simulación la respuesta temporal de un sistema.

- Identificar la función de transferencia que modela un motor de corriente continua.

- Caracterizar las no linealidades presentes.

7.2. Material

- Para el desarrollo de la práctica se empleará un computador con el software Matlab y Simulink.

7.3. Identificación de un motor de corriente continua

7.3.1. Modelado de un motor de corriente continua

Debido a que esta parte se encuentra dedicada a la realización de prácticas de control utilizando exclusivamente las herramientas CAD proporcionadas por el software Matlab y Simulink, todas las prácticas se realizarán de forma simulada. Esto implica que el primer proceso (que habitualmente es la identificación del sistema experimental) se realizará también sobre un sistema simulado. Aunque a primera vista este primer paso pudiera parecer innecesario (ya que conocemos los parámetros del sistema a priori al establecerlos al crear el modelo simulado) presenta una ventaja importante: permite practicar el procedimiento de identificación y comprobar su correcta implementación al permitir comprobar si los datos obtenidos mediante la identificación se corresponden con los que hemos definido previamente como parámetros de la simulación.

El modelado del motor en Simulink ha sido explicado detalladamente en capítulos anteriores de este libro y es el que se utilizará a lo largo de estas prácticas (incluyendo las distintas no-linealidades del sistema). Los parámetros de la simulación que se utilizarán son los siguientes:

Simulation time:

Start time:	t_0
Stop time:	t_f

Solver options:

Type:	Fixed-step
Solver:	ode4(Runge-Kutta)
Fixed-step size:	h

Parámetros de la simulación:

t_0:	0
h:	0.001
t_f:	1
A:	53
B:	50
kc:	0.5
Saturación:	[-10,10]

7.3.2. Procedimiento de identificación

Para realizar el procedimiento de identificación una vez definido el modelo simulado del motor, es necesario excitar dicho motor con una serie de entradas de tensión escalón de amplitud v_n y registrar la respuesta dinámica del sistema: su velocidad $\omega_r(t)$ y su posición $\theta_r(t)$. La Figura 7.1 muestra este ensayo de forma esquemática. Es necesario resaltar que para que las respuestas dinámicas sean correctas, el motor debe partir del reposo

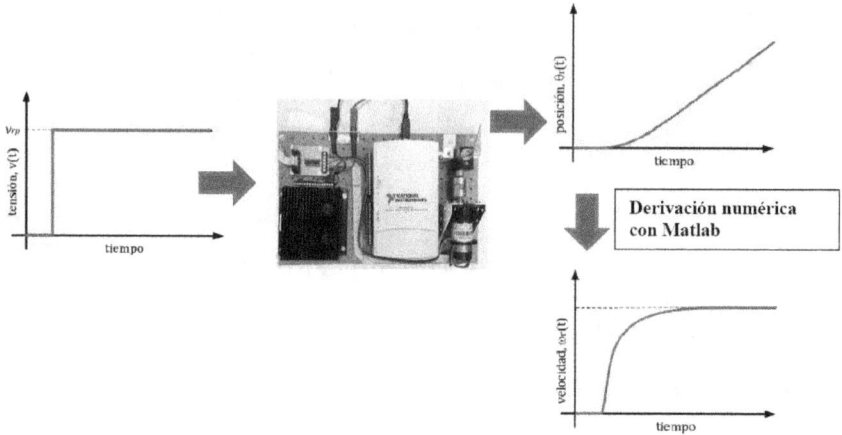

Figura 7.1: Ensayos a realizar en la plataforma experimental de prácticas.

a cada nuevo escalón que se aplique a la plataforma. Adicionalmente y para reproducir con mayor exactitud el comportamiento que se encontrará posteriormente en la plataforma experimental, deberá tenerse en cuenta que la velocidad angular del motor no puede obtenerse directamente del modelo de Simulink. Por tanto, debe obtenerse la posición angular del motor (única medida disponible del mismo en el sistema real) y con ayuda del tiempo de la simulación, efectuar la derivada numérica de la posición angular para obtener la velocidad angular.

Por lo tanto, la realización de esta primera práctica de CAD puede dividirse en los siguientes pasos:

Paso 1: Ensayos de excitación sobre la plataforma experimental

El modelo simulado del motor se excita con escalones de amplitud v_n aplicados sobre el motor con una velocidad angular inicial nula, donde v_n presenta los valores que se muestran en la

78

tabla 7.1, en total se realizan 40 ensayos.

$v_n=$-15	$v_n=$-1	$v_n=$0.1	$v_n=$1.5
$v_n=$...	$v_n=$-0.8	$v_n=$0.2	$v_n=$2.0
$v_n=$-3.0	$v_n=$-0.5	$v_n=$0.5	$v_n=$3.0
$v_n=$-2.0	$v_n=$-0.2	$v_n=$0.8	...
$v_n=$-1.5	$v_n=$-0.1	$v_n=$1.0	$v_n=$15

Tabla 7.1: Amplitud de los escalones aplicados al motor para su identificación

El resultado de cada ensayo debe ser una matriz donde los resultados de la simulación se encuentren ordenados por columnas de la siguiente forma: señal de voltaje aplicada al motor, tiempo de la simulación, y posición angular del motor en cada instante. A pesar de que pueden obtenerse mas datos a partir de la simulación en Simulink, estos tres datos son los únicos que se utilizarán en esta práctica por ser los mismos que estarán disponibles en los puestos experimentales de prácticas.

Paso 2: Representación en MATLAB de la relación entre $\omega_r(t)$ y $v(t)$ en régimen permanente Tras la toma de datos del paso anterior, para cada ensayo de excitación de tensión $v(t)$ con amplitud v_n, es necesario obtener el valor de velocidad angular del motor $\omega_r(t)$ derivando numéricamente la posición angular del mismo. Una vez obtenida la evolución temporal de $\omega_r(t)$, esta presenta una forma como la mostrada en la Figura 7.2.

Entonces:

1. Se registra la amplitud v_n de la tensión de excitación y el valor en régimen permanente de la velocidad obtenida, ω_{rp}

2. Se representan gráficamente los valores obtenidos de la velocidad angular en régimen permanente, ω_{rp}, para cada

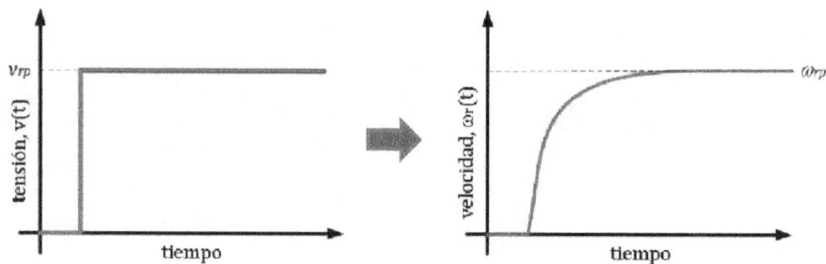

Figura 7.2: Curva de respuesta de la velocidad angular ante un escalón de tensión.

valor v_n de la tensión aplicada. Con carácter general, esta representación gráfica debe ser de la forma mostrada en la Figura 7.3

3. Se realiza un ajuste básico. Se ajusta la curva obtenida a una línea recta que pase por el origen (modelo lineal) tal como muestra la Figura 7.4 y se calcula la pendiente de la recta ajustada P.

El ajuste de una recta a un conjunto de puntos $(x_i, y_i), 1 \leq i \leq N$ se puede realizar con la función polyfit de Matlab. Para representar gráficamente el polinomio obtenido se puede utilizar la función polyval de Matlab. Ambas funciones se explicaron en el capítulo 4.

Paso 3: Identificación de la constante de tiempo del motor

Una vez que se dispone de las respuestas dinámicas del motor para cada entrada escalón, se obtiene a partir de cada registro de datos la constante de tiempo del motor. Para obtener este parámetro se mide el tiempo de establecimiento (cuánto tarda el sistema en entrar en la banda del $\pm 5\,\%$) para cada ensayo y

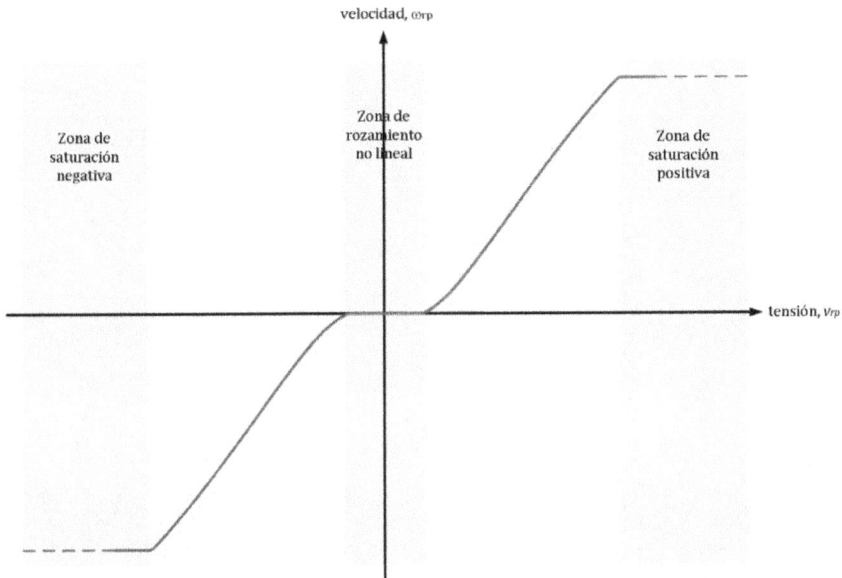

velocidad, ω_{rp}

Zona de
saturación
negativa

Zona de
rozamiento
no lineal

Zona de
saturación
positiva

tensión, v_{rp}

Figura 7.3: Curva ω_{rp} - v_{rp}.

se realiza la media de todas las medidas (descartando los experimentos para los que el motor no se ha movido). Como la función de transferencia que relaciona la velocidad angular y la tensión aplicada a la entrada del servoamplificador, $G'(s)$, es un sistema de primer orden, la relación entre el tiempo de establecimiento t_e y la constante de tiempo del sistema T es conocida:

$$t_e \approx 3 \cdot T \qquad (7.1)$$

<u>Paso 4</u>: Identificación de los parámetros A y B del motor

Por un lado, si se expresa $G'(s)$ en la forma estándar de un

81

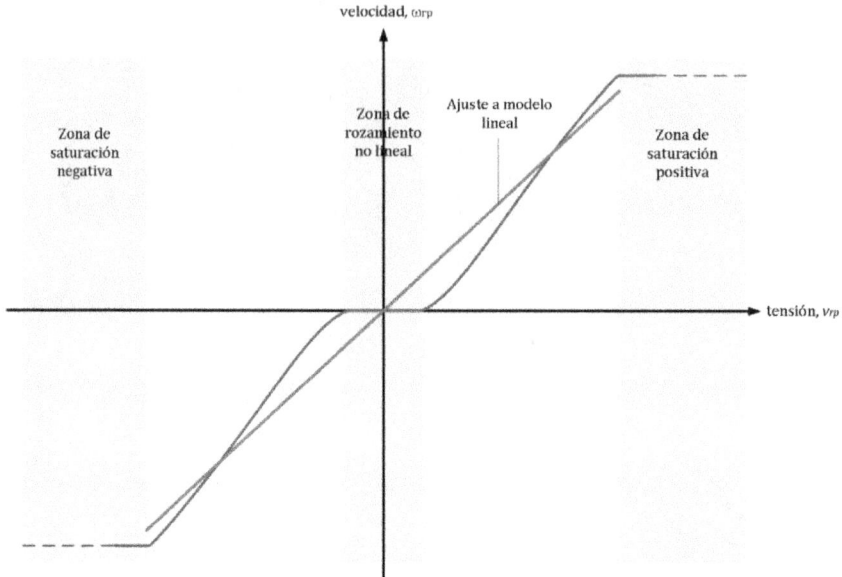

Figura 7.4: Ajuste lineal de la curva ω_{rp} - v_{rp} del motor.

sistema de primer orden, se tiene que:

$$G'(s) = \frac{\Omega_r(s)}{V(s)} = \frac{K}{T \cdot s + 1} = \frac{K/T}{s + 1/T} = \frac{A}{s + B} \rightarrow B = \frac{1}{T} \tag{7.2}$$

Combinando las ecuaciones (7.1) y (7.2), se tiene:

$$B = \frac{1}{t_e/3} = \frac{3}{t_e} \tag{7.3}$$

Por otro lado, si se excita con una entrada escalón al sistema

$G'(s)$ y se aplica el teorema del valor final, se tiene:

$$\omega_{rp} = \lim_{s \to 0} s \cdot G'(s) \cdot \frac{v_{rp}}{s} \to$$

$$\frac{\omega_{rp}}{v_{rp}} = \lim_{s \to 0} \frac{A}{s + B} = \frac{A}{B} \to P = \frac{A}{B} \tag{7.4}$$

Por lo tanto, si P es la pendiente del ajuste lineal realizado en el paso 2, se tiene que:

$$A = P \cdot B \tag{7.5}$$

En este punto puede comprobarse por simple inspección de la Figura 7.4 que debido al efecto del tramo que se corresponde con el rozamiento no lineal, la pendiente de la recta de ajuste no es la misma que las pendientes de los dos tramos lineales del motor. Por lo tanto el valor identificado de A llevará asociado cierto error que será mayor cuanto más amplia sea la zona de rozamiento.

Paso 5: Realización de un ajuste más preciso del motor.

Finalmente, para realizar un ajuste más preciso del modelo del motor, se repite todo el proceso desde el paso 2, pero en esta ocasión se aproxima la curva característica del rozamiento por tres rectas: una horizontal que coincide con el eje de abscisas y otras dos que tienen la misma pendiente y que son simétricas respecto al origen, tal como muestra la Figura 7.5. Los puntos de corte de las curvas simétricas con el eje real definen el valor del rozamiento de Coulomb mientras que su pendiente proporciona un valor más realista del valor P a utilizar en la relación (7.5).

Paso 6: Comprobación de los resultados obtenidos.

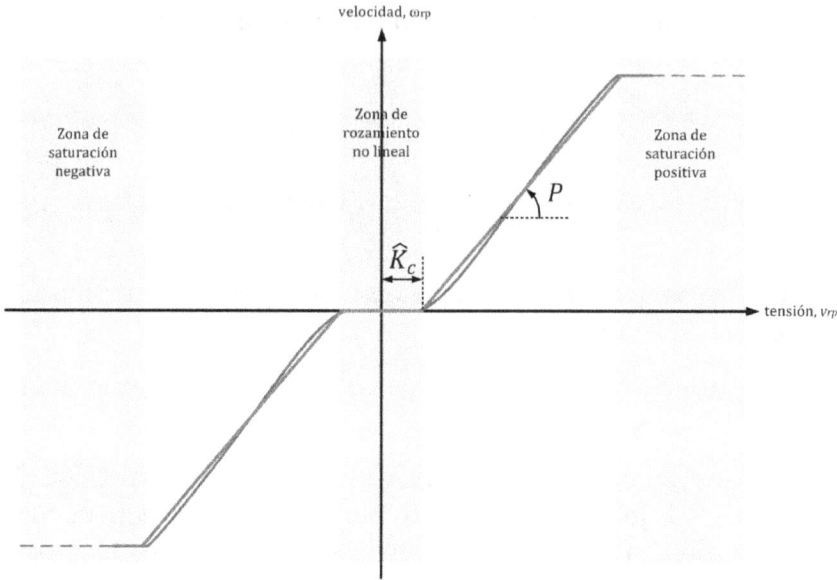

Figura 7.5: Ajuste lineal preciso de la curva característica del rozamiento del motor con estimación del rozamiento de Coulomb.

Tras el proceso de identificación es habitual comprobar mediante simulaciones que el modelo obtenido se asemeja al sistema real. En este caso, puesto que el sistema "real" es un modelo simulado cuyos parámetros se conocen con exactitud, basta con comprobar el error cometido en la identificación de los parámetros A, B, y k_c comparando los valores identificados con los valores reales.

8

Respuesta frecuencial de los sistemas: motor de corriente continua

8.1. Objetivos de la práctica

- Analizar mediante simulación la respuesta frecuencial de un sistema.

- Identificación de los parámetros de un motor de corriente continua a partir de los diagramas de Bode.

- Composición de movimientos armónicos mediante el método de Lissajous.

8.2. Material

- Para el desarrollo de la práctica se empleará un computador con el software Matlab y Simulink.

8.3. Identificación de los parámetros de un motor de corriente continua a partir de los diagramas de Bode

La función de transferencia del motor de corriente continua está dada por la siguiente expresión:

$$G(s) = \frac{\theta_r(s)}{V(s)} = \frac{A}{s \cdot (s + B)} \tag{8.1}$$

Esta función de transferencia puede ponerse en forma normalizada como

$$G(s) = \frac{K}{s \cdot (1 + T \cdot s)} \tag{8.2}$$

La Figura 8.1 muestra los diagramas de Bode de $G(s)$, donde se tiene que $\omega_T = 1/T$. En azul se representa la respuesta real del sistema y en rojo su respuesta aproximada mediante trazado asintótico.

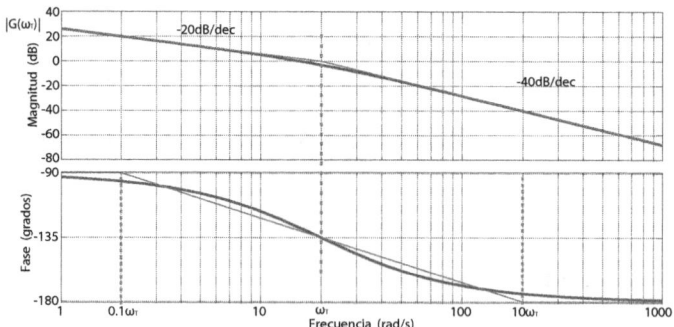

Figura 8.1: a) diagrama de módulo, b) diagrama de fase.

A partir de estos diagramas se pueden calcular los parámetros K y T del motor de la siguiente manera:

1. La frecuencia de corte ($\omega_T = 1/T$) corresponde con el punto donde se cruzarían las dos asíntotas en el diagrama de módulo, o con el punto medio de la asíntota que va desde $0,1 \cdot \omega_T$ hasta $10 \cdot \omega_T$ en el diagrama de fase.

2. Por otra parte, la ganancia estática del motor K está relacionada con ω y con $|G(j \cdot \omega)|$ a través de la siguiente ecuación (criterio del módulo):

$$
|G(j \cdot \omega)|_{dB} = 20 \cdot log \left(\frac{K}{\omega \cdot \sqrt{T^2 \cdot \omega^2 + 1}} \right) \rightarrow
$$
$$
K = 10^{0,05 \cdot |G(j \cdot \omega)|_{dB}} \cdot \omega \cdot \sqrt{T^2 \cdot \omega^2 + 1} \qquad (8.3)
$$

Por tanto, basta con medir el módulo de la respuesta en frecuencia en decibelios $|G(j \cdot \omega_1)|_{dB}$ a una frecuencia ω_1 y aplicar la fórmula (8.3) para obtener el valor de K, supuesto que se ha determinado previamente T en el paso anterior.

Una vez que se tienen los parámetros K y T, resulta fácil obtener los parámetros A y B del motor a partir de las expresiones $B = 1/T$ y $A = K/T$.

8.4. Obtención empírica de los diagramas de Bode de un sistema

Los diagramas de Bode de un sistema se pueden obtener, por ejemplo, calculando el cociente de amplitudes y el desfase entre las señales sinusoidales de salida y de entrada de un sistema, para distintas frecuencias de la señal de entrada. Este cálculo puede ser tedioso si, para cada frecuencia, deben graficarse las señales de entrada y de salida y calcular su desfase visualmente. Para evitar este arduo trabajo, se puede utilizar la composición de movimientos armónicos de Lissajous, que se expone a continuación.

8.4.1. Composición de movimientos armónicos de Lissajous

La curva de Lissajous, también conocida como figura de Lissajous, es la gráfica del sistema de ecuaciones paramétricas correspondiente a la superposición de dos movimientos armónicos simples en direcciones perpendiculares:

$$x = C_x \cdot sen(\omega_x \cdot t + \alpha), y = C_y \cdot sen(\omega_y \cdot t + \beta), \qquad (8.4)$$

Se define $\delta = \alpha - \beta$. La apariencia de la figura es muy sensible a la relación ω_x/ω_y, esto es, a la relación entre las frecuencias de los movimientos en x e y. Para un valor de 1 en dicha relación, la figura es una elipse, con los casos especiales del círculo ($C_x = C_y = \pi/2$ radianes) y de las rectas ($\delta = 0$) incluidos. Otra de las figuras simples de Lissajous es la parábola ($C_x/C_y = 2, \delta = \pi/2$). Otros valores de esta relación producen curvas más complicadas, las cuales sólo son cerradas si ω_x/ω_y es un número racional, esto es, si ω_x y ω_y son conmensurables. En el caso de que el cociente de frecuencias no sea un número racional, la curva, además de no ser cerrada, es un conjunto denso sobre un rectángulo, lo cual significa que la curva pasa arbitrariamente cerca de cualquier punto de dicho rectángulo. En el caso de que el cociente sí sea un número racional, entonces existirán dos números naturales n_x

y n_y, tales que

$$\frac{\omega_x}{\omega_y} = \frac{n_x}{n_y} = \frac{T_y}{T_x} \qquad (8.5)$$

y, obviamente, el periodo del movimiento resultante es el valor de T:

$$T = n_x \cdot T_x = n_y \cdot T_y \qquad (8.6)$$

que se ha obtenido utilizando los valores más pequeños que satisfagan la relación (fracción irreducible). Agunos ejemplos de figuras de Lissajous obtenidas para distintos valores de n_x y n_y pueden verse en la Figura 8.2.

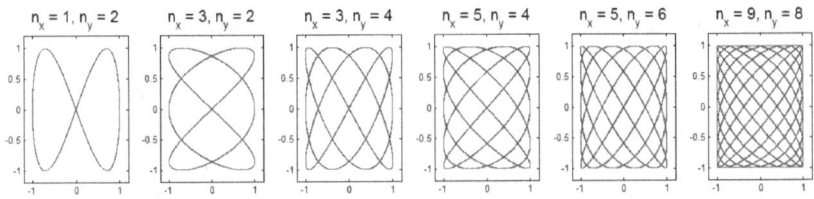

Figura 8.2: Figuras de Lissajous con frecuencias conmensurables.

8.4.2. Aplicación a la obtención de la respuesta en frecuencia

Esta representación se puede aplicar a la respuesta en frecuencia, haciendo la siguiente asociación:

$$x = v(t) = C_v \cdot sen(\omega \cdot t), y = \theta_r(t) \cdot sen(\omega \cdot t + \phi) \qquad (8.7)$$

La Figura 8.3 representa en ejes cartesianos la señal $\theta(t)$ en función de la señal $v(t)$. Como se puede observar, la trayectoria es una elipse. Cuando $v(t)$ alcanza su valor máximo, es decir, el valor de su amplitud C_v , la fase $\omega \cdot t$ es, igual a $\pi/2$, por lo que ese máximo se produce en el instante $t_m = \pi/(2 \cdot \omega)$. Entonces el valor de θ_r en ese instante vale:

$$\theta_r(t_m) = C_\theta \cdot sen\left(\frac{\pi}{2} + \phi\right) = C_\theta \cdot cos(\phi) \qquad (8.8)$$

de donde se obtiene que

$$\delta = arcos\left(\frac{\theta_r(t_m)}{C_\theta}\right) \qquad (8.9)$$

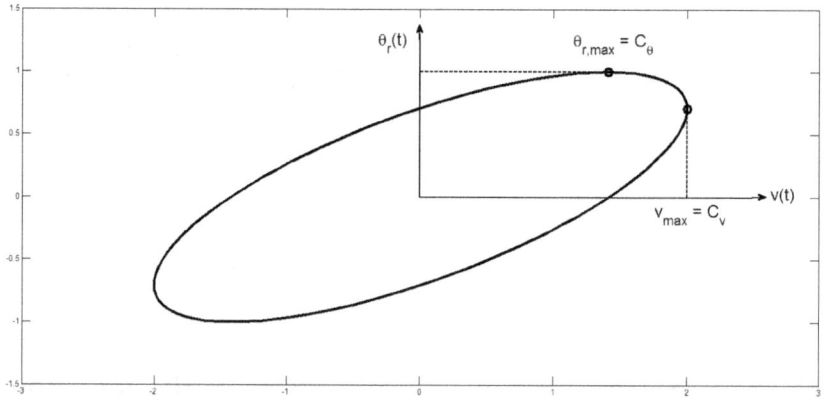

Figura 8.3: Figura de Lissajous que relaciona $\theta(t)$ con $v(t)$.

Por otra parte, cuando $\theta_r(t)$ alcanza su valor máximo, es decir, el valor de su amplitud C_θ, la fase $\omega \cdot t + \delta$ es igual a $\pi/2$ y, por tanto, ese máximo se produce en el instante $t_M = \left(\frac{\pi}{2} - \delta\right)/\omega$. Entonces el valor de v en ese instante vale:

$$v(t_M) = C_v \cdot sen\left(\frac{\pi}{2} - \phi\right) = C_v \cdot cos(\phi) \qquad (8.10)$$

de donde se obtiene que

$$\delta = arcos\left(\frac{v(t_M)}{c_v}\right) \tag{8.11}$$

Por otro lado, Dividiendo la ecuación (8.8) por la ecuación (8.10), queda la siguiente expresión:

$$\frac{\theta_r(t_m)}{v(t_M)} = \frac{C_\theta}{C_v} \tag{8.12}$$

Con las expresiones (8.9) o (8.11) y la (8.12) se pueden calculan, respectivamente, el desfase y el cociente de amplitudes de ambas señales.

La Figura 8.4 muestra el modelo del motor en Simulink "Modelo_Motor.mdl" utilizado en la simulación y los parámetros de la señal sinusoidal que se utilizará para excitar dicho motor. Este modelo de Simulink se diferencia del presentado en el capítulo anterior en que es completamente lineal. Por lo tanto, la saturación y el rozamiento han sido eliminados del modelo.

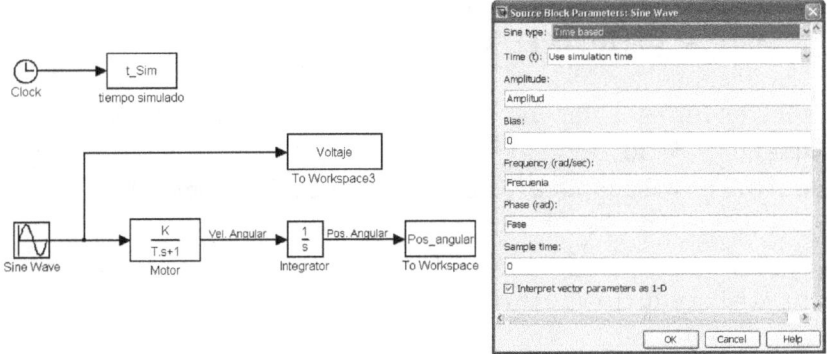

Figura 8.4: Modelo del motor en Simulink utilizado en la simulación.

A continuación se muestra un ejemplo de código encargado de calcular el diagrama de Bode tanto utilizando el modelo anterior en Simulink, como de forma analítica utilizando las herramientas destinadas a la definición de funciones de transferencia en Matlab y el comando bode.

```matlab
%% Codigos para limpiar el espacio de trabajo
clear all;  % Borrar todas las variables
close all;  % Cerrar todas las figuras
clc;        % Limpiar la ventana de comandos

% Parametros del motor
A = 53;
B = 50;
T = 1/B,
K = A*T;



% Se establecen los limites de la frecuencia para la
    simulacion
F_inicio = log10(1/T)-1;
F_final = log10(1/T)+1;

% Se establece un vector de frecuencias a simular
Numero_F = 30;
Vector_F = logspace(F_inicio,F_final,Numero_F);


for i=1:length(Vector_F)
    % Se establecen los parametros de la senal
        sinusoidal
    Amplitud = 1;
    Phase = 0;
```

```matlab
26    Frecuencia = Vector_F(i);
27
28
29    % Se establece el tiempo de la simulacion
30    % Segun la frecuencia necesitaremos mas o menos
         tiempo
31    % de simulacion (para grabar N_ciclos ciclos de
         la senal)
32    N_ciclos = 100;
33    t_0 = 0;
34    t_f = ((2*pi)/(Frecuencia))*N_ciclos;
35
36    % Se el tiempo de muestreo para cada frecuencia
         simulada
37    % (Para bajas frecuencias no se necesita un
         muestreo rapido)
38    Numero_muestras = 10000;
39    h = (t_f-t_0)/Numero_muestras;
40
41    % Simulacion del motor
42    sim Modelo_Motor
43
44    % Nos quedamos solo con el ultimo ciclo de la
         senal, ya que
45    % los primeros ciclos no forman figuras de
         Lissajous a
46    % altas frecuencias
47    M=Numero_muestras/N_ciclos;
48    Pos_angular = Pos_angular(end-M:end);
49    Voltaje = Voltaje(end-M:end);
50
51    % Calculamos la media de la senal de salida para
```

```
                centrar las
52   % figuras de Lissajous verticalmente
53   Media_y=mean(Pos_angular);
54   Pos_angular=Pos_angular-Media_y;
55
56   % Calculamos la amplitud de la senal de salida
          para cada
57   % frecuencia
58   Amp_y = (max (Pos_angular)- min(Pos_angular))/2;
59
60   % Calculamos cuando se produce el maximo de la
          senal V(t)
61   [maximo,elemento] = max(Voltaje);
62
63   % Calculamos el valor de la posicion angular
64   % cuando se produce el maximo de V(t)
65   Pos_tm = Pos_angular(elemento);
66
67   % Calculamos la fase del diagrama de Bode
68   Phi(i) = -acos(Pos_tm/Amp_y)*180/pi;
69
70   % Calculamos la magnitud del diagrama de Bode
71   Modulo(i) =  20*log10(Amp_y/Amplitud);
72
73   end
74
75   % Calculo de los diagramas de Bode utilizando la
          funcion
76   % bode de Matlab
77   s = tf('s');
78   G = K/(s*(T*s+1));
79   [magnitud,desfase] = bode(G,Vector_F);
```

```
% Ordenamos los datos de modulo y fase en vectores
    para poder
% representarlos
magnitud = squeeze(magnitud);
desfase  = squeeze(desfase);
% Pasamos la magnitud a dB
magnitud = 20*log10(magnitud);


figura1 = figure('color',[1,1,1]);
subplot(2,1,1);
semilogx(Vector_F,magnitud,Vector_F,Modulo,'o');
legend('Calculo analitico','Calculo con figuras de
    Lissajous')
xlabel('\omega(dec)');
ylabel('module (dB)');
grid on;
subplot(2,1,2);
semilogx(Vector_F,desfase,Vector_F,Phi,'o');
legend('Calculo analitico','Calculo con figuras de
    Lissajous')
xlabel('\omega(dec)');
ylabel('phase (degrees)');
grid on;
```

Si se ejecuta el código anterior, puede verse que se obtiene el mismo resultado independientemente del procedmiento utilizado para la obtención del diagrama de Bode, ya que en la simulación se ha considerado un modelo completamente lineal del motor. Sin embargo, la realización de este experimento con el motor experimental conlleva una serie de problemas de orden práctico que se exponen a continuación.

8.4.3. Problemas del planteamiento inicial

La realización de este experimento con un motor real que presente no-linealidades en su comportamiento presenta los siguientes problemas:

Problema 1:
El módulo de la respuesta en frecuencia es muy alto a bajas frecuencias. Esto quiere decir que las senoides de salida a estas frecuencias pueden tener amplitudes más altas que lo admisible por el equipo. Una forma de resolver esto es bajar la amplitud de la senoide de entrada. Pero si se baja demasiado, el efecto no lineal del rozamiento de Coulomb puede hacerse muy apreciable (amplitud del par motor del orden de la amplitud de dicho rozamiento), invalidando el experimento.

Problema 2:
Como ya se ha mencionado en el problema anterior, el efecto no lineal del rozamiento de Coulomb puede invalidar el resultado de estos experimentos, ya que estas técnicas de identificación son válidas sólo para sistemas lineales. Por tanto, debe minimizarse el efecto no lineal de dicho rozamiento. Esto se puede conseguir aplicando señales de entrada de amplitud significativamente mayor que la amplitud de dicho rozamiento, para que el efecto relativo del mismo sea reducido.

Problema 3:
Si se observa la Figura 8.3, la obtención de ω_T a partir del punto de cambio de pendiente del diagrama de módulo no es fácil, ya que es difusa la situación exacta de dicho punto en un conjunto

de datos experimentales. La frecuencia ω_T puede obtenerse mejor a partir del diagrama de fases, midiendo la frecuencia a la que la fase vale $-135°$, pero el diagrama de fases experimental suele ser menos preciso que el de módulos, e introduce más errores en la estimación de parámetros.

8.4.4. Esquema modificado

Los tres problemas se resuelven cerrando un lazo con realimentación negativa y ganancia K_p alrededor de $G(s)$, tal como también se indica en la Figura 8.5. La función de transferencia del sistema resultante es:

$$M(s) = \frac{K_p \cdot G(s)}{1 + K_p \cdot G(s)} = \frac{K_p \cdot K}{T \cdot s^2 + s + K_p \cdot K} \qquad (8.13)$$

y en ella se observa que:

1. Ahora el módulo de la respuesta en frecuencia a bajas frecuencias es próximo a 1 por lo que se resuelve el Problema 1.

2. Se reduce el efecto del rozamiento de Coulomb en la salida: cuanto mayor sea K_p menor será dicho efecto. Este efecto se justificará en el siguiente capítulo.

3. Si se utiliza un valor alto de K_p, el sistema en cadena cerrada resulta subamortiguado. Por tanto, la respuesta en frecuencia de este sistema presenta un pico de resonancia, que siempre es más fácil de caracterizar que el punto de cambio de pendiente de $G(s)$.

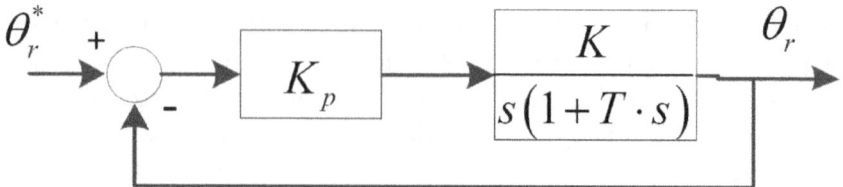

Figura 8.5: Esquema en lazo cerrado para realizar la identificación del motor.

8.4.5. Procedimiento de la práctica

Considerando el modelo simulado del motor propuesto en el capítulo anterior (con no-linealidades) y los parámetros A, B, k_c y valores superior e inferior de la saturación del capítulo anterior, el procedimiento de la práctica es el siguiente:

1. Se realimenta el sistema según se muestra en la Figura 8.5 con un valor de K_p de forma que el sistema resultante sea subamortiguado.

2. Se obtiene la respuesta en frecuencia del sistema usando las curvas de Lissajous. El rango de frecuencias de ensayo se selecciona a partir del valor de K_p diseñado, sabiendo que lo ideal sería coger frecuencias en el rango de una década por encima y debajo de ω_T.

3. A partir del diagrama de módulos se obtiene el pico de resonancia M_r y la frecuencia de resonancia ω_v.

4. El coeficiente de amortiguamiento se obtiene a partir de la

expresión

$$M_r = \frac{1}{2 \cdot \zeta \cdot \sqrt{1 - \zeta^2}} \rightarrow \zeta = \sqrt{0{,}5 \cdot \left(1 \pm \sqrt{1 - \frac{1}{M_r^2}}\right)}$$
(8.14)

donde se toma la solución tal que $0 < \zeta < 1/\sqrt{2}$. Nota: M_r no está expresado en dB.

5. La frecuencia natural no amortiguada se obtiene a partir de

$$\omega_r = \omega_n \cdot \sqrt{1 - 2 \cdot \zeta^2} \rightarrow \omega_n = \frac{\omega_r}{\sqrt{1 - 2 \cdot \zeta^2}} \qquad (8.15)$$

6. Se obtienen los parámetros K y T a partir de la expresión (8.13) y de los parámetros ζ y ω_n hallados en los pasos 4 y 5 identificando coeficientes:

$$M(s) = \frac{K_p \cdot K}{T \cdot s^2 + s + K_p \cdot K} = \frac{\omega_n^2}{s^2 + 2 \cdot \zeta \omega_n \cdot s + \omega_n^2}$$
(8.16)

$$K = \frac{\omega_n}{2 \cdot K_p \cdot \zeta}, \qquad T = \frac{1}{2 \cdot \omega_n \zeta} \qquad (8.17)$$

7. Con los parámetros K y T obtenidos en el paso anterior se pueden obtener los parámetros del motor A y B y compararlos con los valores reales definidos como datos de la simulación

9

Análisis estático y dinámico de sistemas en cadena cerrada

9.1. Objetivo de la práctica

- Analizar el error en régimen permanente de un sistema realimentado.

- Analizar el comportamiento dinámico de un sistema realimentado empleando el criterio de estabilidad de Routh, el lugar de las raíces y el criterio de Nyquist.

9.2. Material

- Para el desarrollo de la práctica se empleará un computador con el software Matlab y Simulink.

9.3. Análisis del error en régimen permanente

Considérese el sistema correspondiente al motor, expresado en cualquiera de las formas utilizadas en la práctica anterior:

$$G(s) = \frac{A}{s \cdot (s + B)}, \qquad G(s) = \frac{K}{s \cdot (1 + T \cdot s)} \qquad (9.1)$$

al que se le añade una perturbación a la entrada $z(t)$ de tipo escalón. Esta perturbación modela en ciertos casos el rozamiento de Coulomb ya que cuando el motor realiza un movimiento con su velocidad siempre en el mismo sentido, el par $T_c(t)$ debido a dicho rozamiento (o la tensión equivalente $\frac{T_c(t)}{J \cdot A}$) tienen un valor constante pudiendo asimilarse su forma a un escalón. Entonces se tiene que

$$\Theta_r(s) = \frac{A}{s \cdot (s + B)} \cdot V(s) + \frac{A}{s \cdot (s + B)} \cdot Z(s) \qquad (9.2)$$

siendo $Z(s) = \mathcal{L}(z(t))$, $\Theta_r(s) = \mathcal{L}(\theta_r(t))$, y $V(s) = \mathcal{L}(v(t))$, tal como muestra la Figura 9.1. Al tener $G(s)$ un polo en el origen, el sistema es limitadamente estable y su respuesta ante un escalón (ya sea en la entrada de tensión o en la perturbación) crecerá ilimitadamente siendo su régimen permanente una rampa. Esto implica que la presencia del rozamiento de Coulomb puede distorsionar enormemente la respuesta del motor en cadena abierta. Este es uno de los motivos por los que no es aconsejable realizar la identificación de los parámetros del motor en cadena abierta y se cierra un lazo de control como el realizado en el capítulo anterior y mostrado en la Figura 9.2.

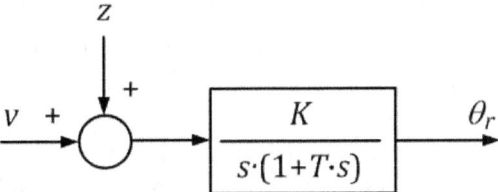

Figura 9.1: Diagrama de bloques del motor en cadena abierta con perturbación.

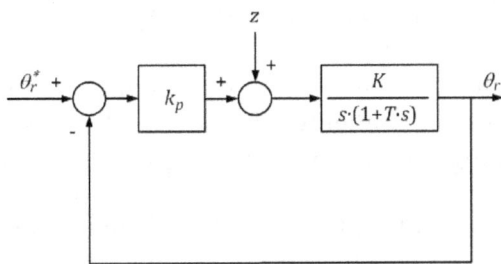

Figura 9.2: Diagrama de bloques del motor en cadena cerrada con perturbación.

Las funciones de transferencia existentes en el esquema de la Figura 9.2 entre la salida $\theta_r(t)$ y las entradas $\theta_r^*(t)$ y $z(t)$ son:

$$\Theta_r(s) = \frac{\frac{K_p \cdot K}{T}}{s^2 + \frac{s}{T} + \frac{K \cdot K_p}{T}}\Theta_r^*(s) + \frac{\frac{K}{T}}{s^2 + \frac{s}{T} + \frac{K \cdot K_p}{T}}Z(s) \qquad (9.3)$$

Esta expresión muestra que si $z(t)$ es un escalón de amplitud $\hat{k}_c$, el error en régimen permanente introducido en la salida es, aplicando el teorema del valor final, $\hat{k}_c/K_p$. Por tanto, dicho error ya no crece indefinidamente y además su efecto en la salida puede reducirse eligiendo una K_p lo suficientemente alta. Esto justifica la conveniencia de utilizar el montaje de la Figura 9.2 para resolver el problema 2 manifestado en la práctica anterior. Se pide:

- En el esquema de la Figura 9.1, determinar la señal de error de la salida $e(t) = v(t) - \theta_r(t)$ cuando: 1) se aplica un escalón unitario en $v(t)$, 2) se aplica un escalón unitario negativo en $z(t)$ y 3) se aplican simultáneamente un escalón unitario positivo en $v(t)$ y uno negativo en $z(t)$. Utilizar para ello un programa en SIMULINK.

- Determinar, aplicando el teorema del valor final, los errores en régimen permanente obtenidos en los tres casos anteriores y compararlos con el resultado de las simulaciones.

- Repetir el primer punto, pero utilizando ahora el esquema de la Figura 9.2. Ahora el escalón unitario positivo se aplica a $\theta_r^*(t)$ y el negativo a $z(t)$ de nuevo.

- Repetir el segundo punto usando el esquema de la Figura 9.2.

9.4. Estabilidad en lazo cerrado mediante el criterio de Routh

Sea el sistema realimentado que se muestra en la Figura 9.2, pero considerando que la perturbación $Z(s){=}0$, y donde $G(s)$ se corresponde con la función de trasnferencia de un motor (9.1) y K_p es una ganancia ajustable positiva. Se pide:

- Determinar mediante el criterio de Routh los valores de k_p que hacen estable al sistema.

- Comprobar el resultado obtenido simulando mediante Simulink el sistema en cadena cerrada considerando $K{=}1.06$ y $T{=}0.02$, para distintos valores de K_p (recuerde que se debe emplear siempre un tiempo de muestreo fijo en la simulación, por ejemplo, $h = 0{,}001s$).

9.5. Diseño de comportamiento dinámico en cadena cerrada

Mediante el criterio de Routh

El objetivo es diseñar la ganancia Kk_p, mostrada en la Figura 9.2, que haga que el tiempo de establecimiento del sistema en cadena cerrada (entrar en la banda de $\pm5\%$ del valor final) ante entrada escalón unitario sea aproximadamente igual a t_e segundos. Se pide:

a) Emplear el criterio de Routh para obtener la relación entre la ganancia k_P y el tiempo de establecimiento t_e.

b) Representar gráficamente la relación obtenida para un rango de tiempo de establecimiento de $0 < t_e < 10$.

c) Simular mediante SIMULINK el sistema en cadena cerrada ante entrada escalón unitario y comprobar el grado de cumplimiento de la expresión obtenida en el apartado a).

¿Existe alguna divergencia significativa entre la relación obtenida en a) y la obtenida mediante las simulaciones del apartado c)? Comente los resultados obtenidos.

Mediante el lugar de las raíces

Empleando la función `rlocus`, se pide:

a) Determinar el valor de K_p que hace que el sistema en cadena cerrada presente un tiempo de establecimiento de $t_e = 1s$. ¿Es normal la divergencia encontrada en la sección anterior entre la relación obtenida en el apartado a) y los resultados arrojados mediante las simulaciones del apartado c)?. Razone la respuesta.

b) Determinar el valor de K_p que hace que el sistema en cadena cerrada presente un coeficiente de amortiguamiento $\zeta = 0,5$. Simular el sistema empleando Simulink y determinar la sobreoscilación de la respuesta temporal del sistema ante entrada escalón unitario.

c) Obtener mediante simulaciones la relación entre la ganancia K_p y la sobreoscilación de la respuesta temporal del sistema en cadena cerrada ante entrada escalón unitario.

9.6. Diseño de la respuesta en frecuencia

9.6.1. Estabilidad en lazo cerrado mediante el criterio de Nyquist

Supóngase ahora que el sensor de posición tiene una dinámica no despreciable modelada mediante $H(s)\frac{1}{1+\alpha \cdot s}$. Obsérvese que tiene ganancia unidad, por lo que el error en régimen permanente del sistema de medida ante un cambio brusco en la variable a medir es nulo, y que α es un parámetro que modela la rapidez

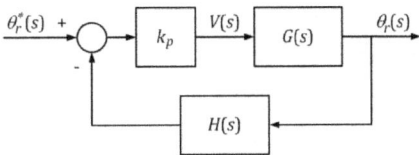

Figura 9.3: Sistema realimentado con ganancia ajustable y dinámica no despreciable del sensor.

de lectura del sensor. Entonces el sistema realimentado presenta la forma indicada en la Figura 9.3.

Se pide determinar mediante el criterio de Nyquist los valores de k_p , con $-\infty < k_p < \infty$, que hacen el sistema estable:

a) Para $\alpha = 0$.

b) Para $\alpha = 0{,}1$

9.6.2. Determinación de las especificaciones frecuenciales

Determinar para ambos casos y con un valor de $K_p = 1$:

1. Margen de fase.

2. Margen de ganancia.

3. Frecuencia de cruce de ganancia.

4. Frecuencia de cruce de fase.

Nota: La función `nyquist` explicada en los primeros capítulos de este libro puede resultar de utilidad.

10

Diseño de reguladores PD y PID

10.1. Objetivo de la práctica

- Diseñar un regulador para el modelo simulado del motor incluyendo no-linealidades.

- Simular el comportamiento obtenido con dicho regulador.

10.2. Material

- Para el desarrollo de la práctica se empleará un computador con el software Matlab y Simulink.

10.3. Diseño de un Regulador PD

Sea el sistema realimentado que se muestra en la Figura 10.1, donde $\Theta_r^*(s) = \mathcal{L}(\theta_r^*(t))$, siendo $\theta_r^*(t)$ la referencia o consigna de posición del motor y $R(s)$ la función de transferencia de un regulador PD ideal:

$$R(s) = K_p + K_d \cdot s \qquad (10.1)$$

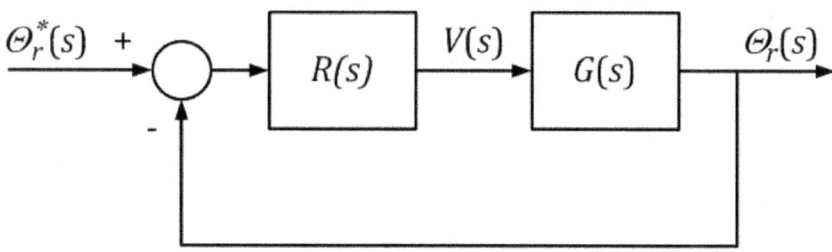

Figura 10.1: Sistema de control.

Para la sintonización del regulador PD se procederá de la siguiente forma:

1. Se definen las especificaciones en el plano complejo a partir de las especificaciones dadas al plantear el problema: ζ y t_e. La especificación ζ ya es del plano complejo. A partir de la otra especificación, usando la fórmula del tiempo de establecimiento para sistemas de segundo orden subamortiguados:

$$t_e = \frac{\pi}{\zeta \cdot \omega_n} \qquad (10.2)$$

y despejando se obtiene el valor de ω_n .

2. Se calcula la función de transferencia en cadena cerrada $M(s)$ equivalente al esquema de control mostrado en la Figura 10.1, para la planta $G(s)$ (en este caso el motor) y el regulador $R(s)$.

3. Supóngase que el denominador de la planta de segundo orden deseada se pone en la forma normalizada:

$$s^2 + s \cdot \zeta \cdot \omega_n \cdot s + \omega_n^2 \qquad (10.3)$$

donde ζ y ω_n ya son conocidos. Se identifica término a término el denominador de la función de transferencia $M(s)$ obtenida en el apartado 2) con el denominador (10.3), obteniéndose las ecuaciones que determinan los valores de K_p y K_d en función de ζ y ω_n.

4. Se resuelven dichas ecuaciones y se obtienen los parámetros del regulador.

10.4. Simulación del funcionamiento de un regulador PD

Considerando los siguientes parámetros del motor:

A:	53
B:	50
kc:	0.5
Saturación:	[-10,10]

Se pide:

1. Sintonizar un regulador PD para que el sistema controlado presente un coeficiente de amortiguamiento $\zeta = 0{,}6$ y un tiempo de establecimiento ante entrada escalón $t_e = 0{,}2s$.

2. Simular el sistema controlado con el regulador obtenido mediante Simulink ante entrada escalón de amplitud 3 considerando, por un lado, el modelo del motor sin fenómenos de naturaleza no-lineal y, por otro, incluyendo dichos fenómenos.

3. Rellenar la Tabla 10.1 a partir de los resultados obtenidos. Representar superpuestas las gráficas de las respuestas temporales de los resultados sin considerar las no-linealidades del sistema y considerando las mismas.

4. Repetir todo lo anterior para un regulador que haga que el sistema controlado tenga un coeficiente de amortiguamiento $\zeta = 1$ y un tiempo de establecimiento ante entrada escalón $t_e = 0,15s$.

Tabla 10.1: Datos del comportamiento del regulador.

	Modelo lineal	Modelo no lineal	Comparación (error en %)
Tiempo de establecimiento (s)			
Tiempo de subida (s)			
Sobreoscilación (%)			
Tiempo de pico (s)			

10.4.1. Comportamiento ante perturbaciones

Supóngase una perturbación $d(t)$ a la salida del sistema tal y como indica la Figura 10.2.

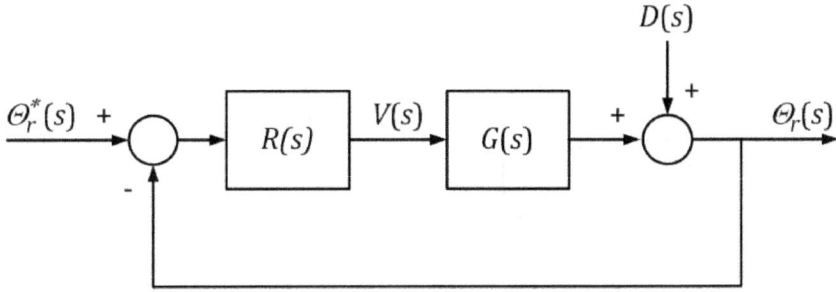

Figura 10.2: Sistema controlado con perturbación a la salida.

Se pide:

Comprobar mediante simulaciones el comportamiento del sistema controlado ante una perturbación $d(t)$ tipo escalón de amplitud 0.2.

10.5. Diseño de un Regulador PID

Sea el sistema realimentado que se muestra en la Figura 10.3, donde $\Theta_r^*(s) = \mathcal{L}(\theta_r^*(t))$, siendo $\theta_r^*(t)$ la referencia o consigna de posición del motor, $Z(s) = \mathcal{L}(z(t))$, siendo $z(t)$ una perturbación externa que modela el rozamiento de Coulomb, y $R(s)$ la función de transferencia de un regulador PID ideal:

$$R(s) = K_p + K_d \cdot s + \frac{K_i}{s} \tag{10.4}$$

Puede comprobarse que la función de transferencia en cadena cerrada que relaciona $\Theta_r(s)$ con $\Theta_r^*(s)$ y $Z(s)$ presenta la

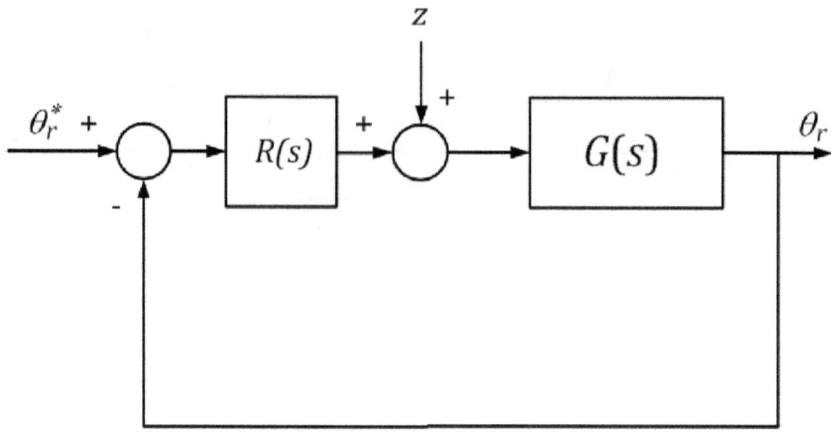

Figura 10.3: Sistema de control.

siguiente forma:

$$\Theta_r(s) = \frac{A(s^2 K_d + s K_p + K_i)}{s^3 + s^2(B + K_d \cdot A) + s K_p \cdot A + K_i \cdot A} \Theta_r^*(s) + \frac{sA}{s^3 + s^2(B + K_d \cdot A) + s K_p \cdot A + K_i \cdot A} Z(s) \tag{10.5}$$

Si se utiliza el teorema del valor final, puede verse que el error en régimen permanente introducido en la salida si se aplican señales de tipo escalón a la entrada del sistema o mediante la perturbación al mismo es nulo debido a la acción de la parte integral del regulador PID.

La ecuación característica de (10.5) es:

$$s^3 + s^2(B + K_d \cdot A) + s K_p \cdot A + K_i \cdot A \tag{10.6}$$

A partir de esta ecuación puede verse que el sistema presenta 3 polos en cadena cerrada que pueden situarse arbitrariamente, gracias a los tres grados de libertad que presenta el regulador (las tres ganancias proporcional, derivativa e integral). Usando la parametrización (ζ, ω_n) junto con un tercer polo en $-\alpha\omega_n$, puede expresarse la ecuación característica como:

$$(s^2 + 2\zeta\omega_n s + \omega_n^2)(s + \alpha\omega_n) \qquad (10.7)$$

Para la sintonización del regulador PID se procederá de la siguiente forma:

1. Se definen las especificaciones en el plano complejo a partir de las especificaciones dadas al plantear el problema: ζ y t_e. La especificación ζ ya es del plano complejo. A partir de la otra especificación, usando la fórmula del tiempo de establecimiento para sistemas de segundo orden subamortiguados:

$$t_e = \frac{\pi}{\zeta \cdot \omega_n} \qquad (10.8)$$

y despejando se obtiene el valor de ω_n .

2. Se calcula la posición de los polos complejos conjugados determinados por ζ y ω_n y se sitúa el tercer polo determinado por $+\alpha\omega_n$ a una distancia del eje real 5 veces el valor de la parte real de los polos complejos conjugados que se han calculado anteriormente. La posición del tercer polo permite obtener el valor de α.

3. Se identifica término a término los parámetros del regulador igualando las expresiones (10.6) y (10.7), obteniéndose las ecuaciones que determinan los valores de K_p, K_k y K_i:

$$K_p = \frac{(2\zeta\alpha + 1)\omega_n^2}{A}, \quad K_d = \frac{(2\zeta+\alpha)\omega_n - B}{A}, \quad K_i = \frac{\alpha\omega_n^3}{A} \quad (10.9)$$

115

4. Se emplean las expresiones de (10.9) y se obtienen los parámetros del regulador.

10.6. Simulación del funcionamiento de un regulador PID

Considerando los siguientes parámetros del motor:

A: 53

B: 50

kc: 0.5

Saturación: [-10,10]

Se pide:

1. Sintonizar un regulador PID para que el sistema controlado presente un coeficiente de amortiguamiento $\zeta = 0,6$ y un tiempo de establecimiento ante entrada escalón $t_e = 0,2s$.

2. Simular el sistema controlado con el regulador obtenido mediante Simulink ante entrada escalón de amplitud 3 considerando por un lado el modelo del motor sin fenómenos de naturaleza no-lineal, y por otro, incluyendo dichos fenómenos.

3. Rellenar la Tabla 10.2 a partir de los resultados obtenidos. Representar superpuestas las gráficas de las respuestas temporales de los resultados sin considerar las no-linealidades del sistema y considerando las mismas.

4. Repetir todo lo anterior para un regulador que haga que el sistema controlado tenga un coeficiente de amortiguamiento $\zeta = 1$ y un tiempo de establecimiento ante entrada escalón $t_e = 0{,}15s$.

Tabla 10.2: Datos del comportamiento del regulador.

	Modelo lineal	Modelo no lineal	Comparación (error en %)
Tiempo de establecimiento (s)			
Tiempo de subida (s)			
Sobreoscilación (%)			
Tiempo de pico (s)			

10.6.1. Comportamiento ante perturbaciones

Supóngase una perturbación $d(t)$ a la salida del sistema tal y como indica la Figura 10.4.

Se pide:

Comprobar mediante simulaciones el comportamiento del sistema controlado ante una perturbación $d(t)$ tipo escalón de amplitud 0.2.

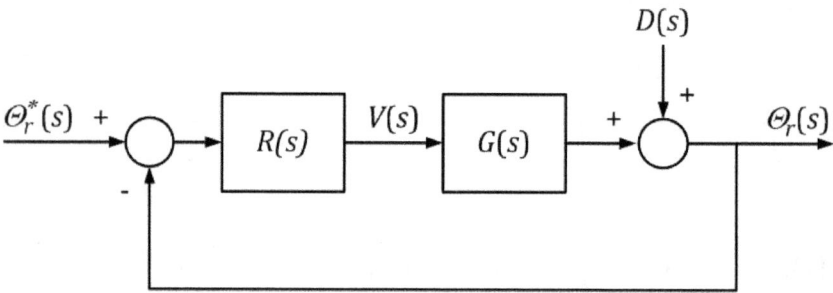

Figura 10.4: Sistema controlado con perturbación a la salida.

11

Diseño de una red de adelanto/atraso de fase

11.1. Objetivo de la práctica

- Diseñar un regulador basado en técnicas frecuenciales.

- Simular el comportamiento del motor controlado con dicho regulador.

11.2. Material

- Para el desarrollo de la práctica se empleará un computador con el software Matlab y Simulink.

11.3. Definición de las especificaciones

Las especificaciones requeridas para el diseño de un regulador suelen expresarse en el dominio del tiempo o en el dominio de la frecuencia. A continuación se describe una conversión aproximada entre especificaciones temporales y frecuenciales.

11.3.1. Especificaciones del transitorio

Las especificaciones frecuenciales que permiten alcanzar de forma aproximada las especificaciones transitorias anteriores se obtienen a partir de las fórmulas:

$$\varphi \approx 100\zeta \tag{11.1}$$

donde φ es el margen de fase y ζ el coeficiente de amortiguamiento, y

$$t_e \approx \frac{3}{\omega_g} \tag{11.2}$$

donde t_e es el tiempo de establecimiento y ω_g es la frecuencia de cruce de ganancias. Esto se traduce en que el trazado de Nyquist debe pasar por el punto del plano complejo $p = e^{j(\varphi-\pi)}$ a la frecuencia ω_g. Si $G(s)$ es la función de transferencia de la planta y $R(s)$ la del regulador a diseñar, la condición de diseño para conseguir el transitorio deseado es:

$$e^{j(\varphi-\pi)} = -e^{j\varphi} = G(j\omega_g)R(j\omega_g) \implies$$
$$R(j\omega_g) = -\frac{e^{j\varphi}}{G(j\omega_g)} = R' \tag{11.3}$$

11.3.2. Especificaciones en régimen permanente

A continuación se desarrolla el análisis del error en régimen permanente. La ecuación que describe la dinámica del motor es

$$K_m u(t) = J\ddot{\theta}_m(t) + v\dot{\theta}_m(t) + \Gamma_c(t) \tag{11.4}$$

donde se ha incluido el rozamiento de Coulomb Γ_c, cuyo par se aproxima por el siguiente modelo:

$$\Gamma_c(t) = \begin{cases} \Gamma_{Coul} \cdot sign(\dot{\theta}_m(t)), & \text{si } \dot{\theta}_m(t) \neq 0 \\ min(K_M \cdot |u(t)|, \Gamma_{Coul}) \cdot sign(u(t)), & \text{si } \dot{\theta}_m(t) = 0 \end{cases} \tag{11.5}$$

Supóngase el regulador PD obtenido en la práctica dedicada a reguladores PD:

$$u(t) = K_p e(t) + K_d \dot{e}(t) \tag{11.6}$$

donde $e(t)$ es la señal de error. Si se realiza el análisis del sistema controlado en régimen permanente, mediante la anulación de las derivadas de todas las variables se obtiene que $K_m u = \Gamma_c$ y $u = K_p e$, y uniendo estas dos ecuaciones resulta:

$$K_m K_p e = \Gamma_c \leq \Gamma_{Coul} \Longrightarrow e \leq \frac{\Gamma_{Coul}}{K_m K_p} \tag{11.7}$$

Esta ecuación muestra que el error en régimen permanente no tiene porqué anularse, pero tiene una cota superior dada por $\frac{\Gamma_{Coul}}{K_m K_p}$. Si se quiere dividir por 10 dicho error máximo, una forma de hacerlo es aumentar diez veces la ganancia K_p del regulador. Por tanto, el regulador a diseñar deberá presentar una ganancia con valor

$$K \geq 10 \cdot K_p \qquad (11.8)$$

11.4. Métodos básicos de diseño de redes

Una red básica presenta la forma

$$R(s) = K \frac{1 + T \cdot s}{1 + T \cdot f \cdot s} \qquad (11.9)$$

siendo de adelanto de fase si $f < 1$, y de atraso de fase si $f > 1$. Esta estructura presenta tres parámetros a ajustar: K, T y f, que se denominan respectivamente la ganancia del regulador, su constante de tiempo y su valor de filtrado. Para diseñar los tres parámetros de la red se necesitan tres especificaciones. Dos de ellas vienen dadas por la condición compleja (11.3), que se traduce en dos condiciones reales: el valor del módulo $|R(j\omega_g)| = |R'|$ y el valor de la fase $\angle R(j\omega_g) = \psi_R$. Esta metodología da lugar a varios procedimientos de diseño de la red, en función de cuál sea la tercera condición

11.4.1. Procedimiento nº1 de diseño de redes básicas

En este primer procedimiento se desea un determinado valor de filtrado, constituyendo, por tanto, la tercera condición el valor de f. Este procedimiento se utiliza exclusivamente para el diseño de redes de adelanto de fase por lo que a partir de ahora se supondrá que $f < 1$.

El parámetro f debe cumplir la siguiente condición para que la red pueda aportar la fase ψ_R requerida en el diseño:

$$f \leq f_L = \frac{1 - sin(\psi_R)}{1 + sin(\psi_R)} \qquad (11.10)$$

donde f_L es el valor máximo posible y, de entre los valores que cumplen con la condición anterior, se suele elegir uno en el rango $0{,}05 \leq f \leq 0{,}1$.

Si se impone la condición (11.3) al regulador:

$$R(j\omega_g) = R' = |R'| \cdot e^{j\psi_R} = K \frac{1 + T \cdot j \cdot \omega_g}{1 + T \cdot f \cdot j \cdot \omega_g} \qquad (11.11)$$

y se denomina $x = T\omega_g$, operando la expresión anterior para que el denominador sea un número real positivo (se multiplica numerador y denominador por el complejo conjugado del denominador) se tiene:

$$|R'| \cdot e^{j\psi_R} = K \frac{1 + T \cdot x^2 + j \cdot (1 - f) \cdot x}{1 + f^2 \cdot x^2} \qquad (11.12)$$

e igualando los argumentos de ambos lados de la ecuación resulta:

$$\psi_R = arctan \left(\frac{(1 - f) \cdot x}{1 + f \cdot x^2} \right) \implies tan(\psi_R) = \frac{(1 - f) \cdot x}{1 + f \cdot x^2} \qquad (11.13)$$

que da lugar a la siguiente ecuación de segundo grado:

$$x^2 - \frac{1 - f}{f \cdot tan(\psi_R)} \cdot x + \frac{1}{f} = 0 \qquad (11.14)$$

cuyas raíces son:

$$x = \frac{1 - f \pm \sqrt{(1 - f)^2 - 4 \cdot f \cdot tan^2(\psi_R)}}{2 \cdot f \cdot tan(\psi_R)} \qquad (11.15)$$

Como se ha comentado en teoría, en las redes de adelanto de fase interesa que la ganancia K sea lo mayor posible para así aumentar la precisión del sistema en cadena cerrada. Entonces interesa elegir la raíz, de entre las dos suministradas por (11.15), que dé lugar a la mayor ganancia K.

Para ello se utiliza la condición obtenida a partir de igualar módulos en (11.11):

$$|R'| = K\frac{|1 + T \cdot j\omega_g|}{|1 + T \cdot f \cdot j\omega_g|} = K\frac{|1 + jx|}{|1 + jx \cdot f|} \implies$$
$$K = |R'|\sqrt{\frac{1 + f^2 \cdot x^2}{1 + x^2}} \qquad (11.16)$$

En dicha ecuación se observa que el término debajo del radical: $\frac{1+f^2 \cdot x^2}{1+x^2} = f^2 + \frac{1-f^2}{1+x^2}$, es una función estrictamente decreciente si $f < 1$ y, por tanto, dado que $|R'|$ es constante, K decrece cuando x aumenta. En consecuencia, interesa elegir la menor de las dos raíces:

$$x = \frac{1 - f - \sqrt{(1-f)^2 - 4 \cdot f \cdot tan^2(\psi_R)}}{2 \cdot f \cdot tan(\psi_R)} \qquad (11.17)$$

que es la que dará la mayor ganancia K.

Como síntesis de todo lo anterior, el procedimiento puede expresarse en los cuatro pasos siguientes:

1. Seleccionar un valor de f que cumpla con la condición (11.10).

2. Obtener x a partir de la expresión (11.17).

3. Obtener T como $T = x/\omega_g$.

4. Obtener K a partir de la expresión a la derecha de (11.16).

Procedimiento nº2 de diseño de redes básicas

En este segundo procedimiento se desea una determinada ganancia en la red, constituyendo, por tanto, la tercera condición el valor de K. Este procedimiento se utiliza con más frecuencia para el diseño de redes de atraso. Si se impone la condición (11.3) al regulador:

$$\frac{R'}{K} = \frac{1 + j \cdot x}{1 + j \cdot x \cdot f} \qquad (11.18)$$

y se denominan $\Re(z)$ e $\Im(z)$ respectivamente a la parte real e imaginaria del número complejo z, resulta:

$$\frac{\Re(R') + j \cdot \Im(R')}{K} = \frac{1 + j \cdot x}{1 + j \cdot x \cdot f} \implies$$
$$\frac{\Re(R') + j \cdot \Im(R')}{K}(1 + j \cdot x \cdot f) = 1 + j \cdot x \qquad (11.19)$$

e igualando la parte real de los dos miembros de esta ecuación se tiene:

$$\frac{\Re(R')}{K} - \frac{\Im(R')}{K}(f \cdot x) = 1 \implies f \cdot x = \frac{\Re(R') - K}{\Im(R')} \qquad (11.20)$$

Por otro lado, igualando la parte imaginaria de los dos miembros de la ecuación (11.19) resulta:

$$\frac{\Im(R')}{K} + \frac{\Re(R')}{K}(f \cdot x) = x \qquad (11.21)$$

Sustituyendo en esta última ecuación el valor de $f \cdot x$ obtenido en (11.20) se obtiene:

$$x = \frac{|R'|^2}{K \cdot \Im(R')} - \frac{\Re(R')}{\Im(R')} \qquad (11.22)$$

125

Por tanto, como síntesis de todo lo anterior, el procedimiento puede expresarse en los cuatro pasos siguientes:

1. Obtener x a partir de la expresión (11.22).

2. Obtener T como $T = x/\omega_g$.

3. Obtener $f \cdot x$ a partir de la expresión a la derecha de (11.20).

4. Obtener f dividiendo el resultado del paso anterior por x.

11.5. Método de diseño de una red en función de las especificaciones requeridas

Se realiza un proceso secuencial de diseño, empezando por la red más simple.

11.5.1. Diseño de una red de adelanto de fase

Primero se diseña una red de adelanto de fase que cumpla con las especificaciones transitorias (R', ω_g) pedidas. Para ello se sigue el siguiente procedimiento:

1. Calcular el valor de filtrado máximo admisible f_L mediante la fórmula:

$$f_L = \frac{1 - sin(\psi_R)}{1 + sin(\psi_R)} \qquad (11.23)$$

2. Se elige una $f << f_L$ para tener un margen de seguridad significativo. Típicamente, se elige f de modo que sea al menos dos veces menor que f_L.

3. Se calculan los dos parámetros restantes T y K de la red mediante el Procedimiento $n°1$

4. Se comprueba que la frecuencia ω_L a la que se produce la máxima fase en la red de adelanto de fase queda a la derecha de ω_g:

$$\omega_L = \frac{1}{T \cdot \sqrt{f}} > \omega_g \qquad (11.24)$$

5. Se comprueba si la ganancia obtenida para la red K cumple con la condición establecida para el régimen permanente (11.8).

Si la red obtenida cumpliera con todas las condiciones de diseño, dicha red de adelanto de fase sería el regulador adecuado para controlar el motor y el proceso de diseño terminaría aquí. Si dicha red no cumpliera con la especificación del régimen permanente, entonces sería necesario diseñar una red de adelanto-atraso de fase.

11.5.2. Diseño de una red de adelanto-atraso de fase

Dicha red tiene la forma

$$
\begin{aligned}
R(s) &= K \frac{1 + T_a \cdot s}{1 + T_a \cdot f_a \cdot s} \cdot \frac{1 + T_r \cdot s}{1 + T_r \cdot f_r \cdot s} \\
&= K_a \underbrace{\frac{1 + T_a \cdot s}{1 + T_a \cdot f_a \cdot s}}_{\text{red de adelanto de fase}} \cdot K_r \underbrace{\frac{1 + T_r \cdot s}{1 + T_r \cdot f_r \cdot s}}_{\text{red de atraso de fase}}
\end{aligned}
\qquad (11.25)
$$

siendo $f_a < 1$, $f_r > 1$ y $K = K_a \cdot K_r$

El procedimiento de diseño en esta ocasión sería el siguiente:

1. Diseñar la red de adelanto de fase mediante el procedimiento dado en la subsección anterior, pero incrementando ligeramente el ángulo ϕ_R de la condición de diseño. Se le suele aumentar en una cantidad δ_{ϕ_R} entre 5° y 10°. Esto se hace para corregir el pequeño retardo de fase que introducirá la red de atraso de fase que se diseñará posteriormente. Por tanto, el procedimiento de la Subsección 11.5.1 se ejecuta con el punto de diseño:

$$|R'| \cdot e^{j(\psi_R + \delta_{\psi_R})} \qquad (11.26)$$

Como resultado de este proceso se obtienen f_a, T_a y K_a.

2. Definir las especificaciones para la red de atraso de fase. Primero se determina la ganancia K_r que debe aportar esta red, de modo que (11.25) cumpla con el requisito del régimen permanente definido anteriormente (dividir por 10 el error en régimen permanente ante perturbación):

$$K_r \geq \frac{10 \cdot K_p}{K_a} \qquad (11.27)$$

A continuación se establecen las especificaciones frecuenciales de diseño de la red de atraso de fase $|R_r'|$, ϕ_{R_r} a partir de la condición:

$$|R'|e^{j\psi_R} = K_a \frac{1 + T_a \cdot j \cdot \omega_g}{1 + T_a \cdot f_a \cdot j \cdot \omega_g} \cdot |R_r'|e^{j\psi_{R_r}} \qquad (11.28)$$

Por tanto, igualando en la ecuación anterior la condición de módulos por un lado y la de argumentos por otro, se tiene:

$$|R'| = K_a \frac{\sqrt{1 + (T_a \cdot \omega_g)^2}}{\sqrt{1 + (T_a \cdot f_a \cdot \omega_g)^2}} \cdot |R'_r|$$

$$\psi_R = (\psi_R + \delta_{\psi_R}) + \phi_{R_r}$$

$$(11.29)$$

que da lugar a las especificaciones de la red de atraso de fase:

$$|R'_r| = 1$$

$$\psi_{R_r} = -\delta_{\phi_R}$$

$$(11.30)$$

donde en la especificación de módulos se ha tenido en cuenta que, como resultado de la red de adelanto de fase diseñada en el paso previo, se cumple que:

$$|R'| = K_a \frac{\sqrt{1 + (T_a \cdot \omega_g)^2}}{1 + (T_a \cdot f_a \cdot \omega_g)^2}$$

$$(11.31)$$

3. Diseñar la red de atraso de fase complementaria. Para ello se utilizarán las especificaciones frecuenciales dadas por (11.30) y la especificación de ganancia K_r dada por (11.27). Entonces se calcularán los dos parámetros restantes T_r y f_r de la red mediante el Procedimiento n°2.

4. Comprobar que la red diseñada hace cumplir al sistema en cadena abierta las especificaciones deseadas:

$$G(j\omega_g)R(j\omega_g) = -e^{j\varphi}$$

$$(11.32)$$

11.6. Desarrollo de la práctica

Considerando los siguientes parámetros del motor:

A: 53

B: 50

kc: 0.5

Saturación: [-10,10]

Se pide:
Diseñar la red más simple que haga que el sistema en cadena cerrada cumpla con las siguientes especificaciones en el dominio del tiempo (de forma aproximada):

1. Una sobreoscilación menor o igual que el 5 %.

2. Un tiempo de establecimiento menor o igual que 0,1s.

3. Un error en régimen permanente ante una perturbación tipo escalón aplicada a la entrada del sistema al menos diez veces menor que el obtenido en la práctica anterior.

Una vez diseñada la red se pide:

- Comprobar el grado de cumplimiento de las especificaciones de diseño simulando el comportamiento del sistema completo en cadena cerrada ante: 1) una consigna tipo escalón y 2) una perturbación de tipo escalón en la entrada (par de Coulomb).

- Simular los casos del punto anterior considerando el modelo lineal del motor y el modelo del motor que contempla las no-linealidades del mismo. Comparar los resultados obtenidos en ambos casos.

(**NOTA:**) se observarán discrepancias entre las especificaciones de la respuesta obtenida y las especificaciones de diseño. Eso es debido a que las fórmulas de conversión de las especificaciones son válidas sólo para sistemas de segundo orden <u>simples</u>. En el momento en que aparecen ceros - y la red diseñada los introduce - estas fórmulas dejan de ser precisas. De hecho, la aparición de estos ceros hace que aunque el sistema no sobreoscile (no hay oscilaciones que se atenúan), haya sin embargo un sobrepasamiento que después de su máximo converge monótonamente al valor final. Por tanto, se considerarán válidos los reguladores que den lugar a respuestas con un sobrepasamiento menor o igual que el 15 % (sobrepasamiento, no oscilaciones) y un tiempo de establecimiento menor o igual que 0,3s.

Parte IV

PRÁCTICAS EXPERIMENTALES DE SISTEMAS DE CONTROL

12

Respuesta temporal de los sistemas: identificación de un motor de corriente continua

12.1. Objetivos de la práctica

- Analizar mediante simulación la respuesta temporal de un sistema.

- Identificar la función de transferencia que modela un motor de corriente continua.

- Caracterizar las no linealidades presentes.

12.2. Material

- Para el desarrollo de la práctica se empleará un computador con el software Matlab y Simulink.

- Ordenador con la aplicación "Practica_01.exe" elaborada con LabView.

- Puesto de prácticas experimental (motor de corriente continua)

- Fuentes de alimentación regulables.

12.3. Identificación de un motor de corriente continua

El Puesto de prácticas experimental y las fuentes de alimentación que se utilizarán a los largo de todas las prácticas experimentales son las que se detallan en el Capítulo 3. Para realizar la identificación de la plataforma experimental se seguirá un procedimiento similar al empleado en el Capítulo 7 donde la entrada del sistema se excitaba mediante diferentes entradas escalón de amplitud conocida, v_{rp}, y se registraba la respuesta del sistema. Puesto que la plataforma experimental se encuentra provista de un encoder, los únicos datos que se pueden registrar durante el experimento son: el tiempo del experimento t, la posición angular en función del tiempo $\theta_r(t)$ y la señal de voltaje aplicada al sistema v_{rp}. Para obtener la velocidad angular con respecto del tiempo, ω_{rt}, es necesario realizar la derivada numérica a partir de las medidas de posición angular registradas.

El procedimiento de identificación del motor se divide en los siguientes pasos:

: Ensayos de excitación sobre la plataforma experimental

El motor se excita con escalones de amplitud v_n aplicados sobre el motor con velocidad angular nula, donde v_n presenta los valores que se muestran en la tabla 12.1, en total se realizan 40 ensayos.

$v_n=$-15	$v_n=$-1	$v_n=$0.1	$v_n=$1.5
$v_n=$...	$v_n=$-0.8	$v_n=$0.2	$v_n=$2.0
$v_n=$-3.0	$v_n=$-0.5	$v_n=$0.5	$v_n=$3.0
$v_n=$-2.0	$v_n=$-0.2	$v_n=$0.8	...
$v_n=$-1.5	$v_n=$-0.1	$v_n=$1.0	$v_n=$15

Tabla 12.1: Amplitud de los escalones aplicados al motor para su identificación

El resultado de todos los ensayos se guarda al final del experimento en un archivo de texto plano .txt donde los resultados se encuentran ordenados por columnas de la siguiente forma: Señal de voltaje aplicada al motor, tiempo de la simulación, y posición angular del motor en cada instante.

Paso 2: Representación en MATLAB de la relación entre $\omega_r(t)$ y $v(t)$ en régimen permanente

Tras la toma de datos del paso anterior, se cargan los datos en Matlab abriendo el archivo de texto plano con el comando load. El resultado será una matriz de tres columnas que contiene todos los datos de cada experimento llevado a cabo para cada señal escalón. Atendiendo a la primera columna pueden separarse los datos correspondientes a cada experimento (ya que cada experimento se realizó con una amplitud distinta). Una vez que los distintos experimentos se encuentran localizados, se procede de la misma forma que en el Capítulo 7, obteniéndose el valor de velocidad angular del motor $\omega_r(t)$ derivando numéricamente la posición angular del mismo.

A continuación se realizan las siguientes operaciones:

1. Se registra la amplitud v_n de la tensión de excitación y el valor en régimen permanente de la velocidad obtenida, ω_{rp}

2. Se representan gráficamente los valores obtenidos de la velocidad angular en régimen permanente, ω_{rp}, para cada valor v_n de la tensión aplicada. Con carácter general, esta representación gráfica debe ser de la forma mostrada en la Figura 7.3

3. Se realiza un ajuste básico. Se ajusta la curva obtenida a una línea recta que pase por el origen (modelo lineal) tal como muestra la Figura 7.4 y se calcula la pendiente de la recta ajustada P.

Paso 3: Identificación de la constante de tiempo del motor

Una vez que se dispone de las respuestas dinámicas del motor para cada entrada escalón, se obtiene la constante de tiempo del motor. Para obtener este parámetro se mide el tiempo de establecimiento (cuánto tarda el sistema en entrar en la banda del $\pm 5\%$) para cada ensayo y se realiza la media de todas las medidas (descartando los experimentos para los que el motor no se ha movido). Como la función de transferencia que relaciona la velocidad angular y el voltaje aplicado $G'(s)$ es un sistema de primer orden, la relación entre el tiempo de establecimiento t_e y la constante de tiempo del sistema T es conocida:

$$t_e \approx 3 \cdot T \qquad (12.1)$$

Paso 4: Identificación de los parámetros A y B del motor

Los parámetros del motor se obtienen mediante las siguientes identidades:

$$B = \frac{1}{t_e/3} = \frac{3}{t_e} \qquad (12.2)$$

$$A = P \cdot B \qquad (12.3)$$

donde P es la pendiente del ajuste lineal realizado en el paso 2.

Paso 5: Realización de un ajuste más preciso del motor.

Finalmente, para realizar un ajuste más preciso del modelo del motor, se repite todo el proceso desde el paso 2, pero en esta ocasión se aproxima la curva característica del rozamiento por tres rectas: una horizontal que coincide con el eje de abscisas y otras dos que tienen la misma pendiente y que son simétricas respecto al origen, tal como muestra la Figura 7.5. Los puntos de corte de las curvas simétricas con el eje real definen el valor del rozamiento de Coulomb mientras que su pendiente proporciona un valor más realista del valor P a utilizar en la relación (12.3).

Paso 6: Comprobación de los resultados obtenidos.

Tras el proceso de identificación es habitual comprobar mediante simulaciones que el modelo obtenido se asemeja al sistema real. En este caso, una vez identificados los parámetros de la plataforma experimental, es conveniente repetir el proceso de identificación utilizando el modelo simulado desarrollado en el Capítulo 7, para comprobar el grado de similitud entre los resultados experimentales y los simulados.

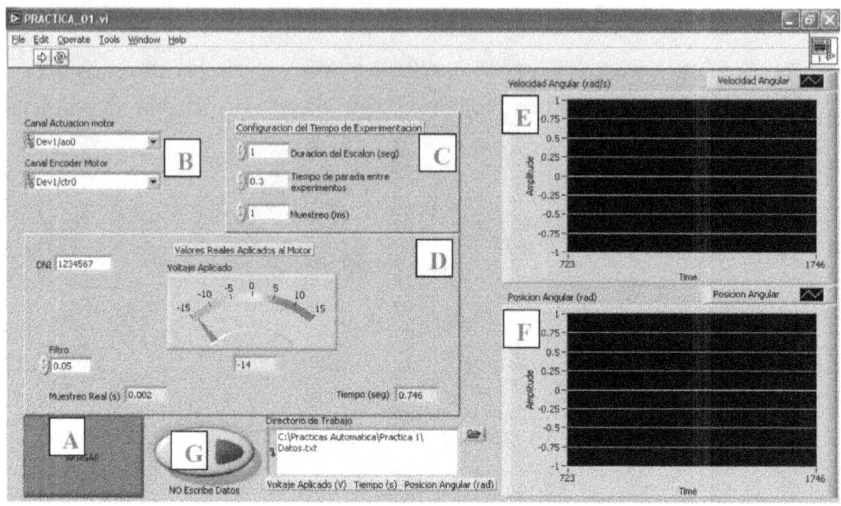

Figura 12.1: Aplicación para la toma de datos.

12.4. Descripción de la aplicación utilizada

Para realizar los distintos ensayos se utilizará una aplicación diseñada mediante LabView. Dicha aplicación se encuentra en la siguiente ruta: C:\Practicas Automática en los ordenadores del laboratorio electrónica. Haciendo doble clic sobre el archivo ejecutable Practica_01.exe se abrirá una aplicación que presenta el aspecto que se muestra en la Figura 12.1.

Al abrir la aplicación para la toma de datos, esta se ejecutará por defecto, por lo que el primer paso es detenerla mediante el botón de parada (**A**)

A continuación es necesario configurar la selección del canal en el que se encuentra conectado el motor. Esto se realiza mediante los desplegables (**B**) "Canal actuación motor" y "Canal encoder motor". Para configurarlos correctamente es necesario cambiar la selección que aparece por defecto y seleccionar la opción que ofrece el programa de forma automática (típicamente el dispositivo 2 "Dev2"). Es importante que se encuentren seleccionados el primer canal de dicho dispositivo "ao0" para el motor y "ctr0" para el encoder. Para ejecutar el programa es necesario pulsar el botón ▭ situado en la esquina superior izquierda.

Los parámetros del menú (**C**) determinan la configuración de los escalones a aplicar.

- Duración del escalón: determina durante cuánto tiempo se aplicarán los escalones al motor (nótese que para motores con dinámicas lentas puede tardarse más tiempo en alcanzar el régimen permanente que en motores con dinámicas rápidas)

- Tiempo de parada entre experimentos: determina cuánto tiempo se dejará transcurrir entre entradas escalón. Este intervalo es necesario para que el motor vuelva al estado de reposo.

- Muestreo (ms): determina el periodo de muestreo del equipo (definido como la inversa de la frecuencia de muestreo) ya que, al estar trabajando con un ordenador, se trabaja con un sistema discreto (aunque este sea aproximado por un sistema continuo). Lo ideal es seleccionar periodos de muestreo lo más bajos posibles pero, debido a las limitaciones del equipo empleado, se debe seleccionar 2 ms como periodo de muestreo.

Los parámetros del menú (**D**) determinan la personalización de los parámetros del equipo para cada alumno y permiten observar el progreso de la toma de datos.

- <u>DNI</u>: es necesario introducir el DNI del alumno sin letra para la personalización del equipo de prácticas.

- <u>Muestreo real:</u> muestra el periodo de muestreo con el que está funcionando realmente el equipo. Si este valor oscila, significa que se ha seleccionado un muestro demasiado rápido y debe incrementarse en un milisegundo el periodo de muestreo seleccionado en "Muestreo (ms)".

- <u>Voltaje Aplicado:</u> indica qué amplitud de entrada escalón se está aplicando en cada instante de tiempo.

- <u>Tiempo (seg)</u>: indica el tiempo transcurrido desde el inicio de la aplicación de la entrada escalón (para cada nueva entrada el valor se reinicia).

- El campo nombrado como <u>Filtro</u> debe dejarse en su valor por defecto 0,05.

Las gráficas (**E**) y (**F**) permiten controlar visualmente la evolución de la toma de datos y ver la respuesta del motor. Por último, para salvar los datos producidos por la ejecución del programa, es necesario que antes de la ejecución del programa se encuentre activado el botón (**G**) (iluminado en verde). La ruta donde se guardan los datos debe seleccionarse mediante el desplegable y también debe quedar definida antes de la ejecución del programa.

(**NOTA:**) el programa se detiene automáticamente una vez se han realizado todos los experimentos. Si se detiene el programa mediante el botón de parada (**A**) no se guardarán los datos. Dichos datos se guardan en un fichero de texto plano ".txt", ordenados por columnas de la siguiente forma: **Voltaje aplicado, Tiempo, Posición angular**.

13

Respuesta frecuencial de los sistemas: motor de corriente continua

13.1. Objetivos de la práctica

- Analizar mediante experimentación la respuesta frecuencial de un sistema.

- Identificación de los parámetros de un motor de corriente continua a partir de los diagramas de Bode.

- Composición de movimientos armónicos mediante el método de Lissajous.

13.2. Material

- Para el desarrollo de la práctica se empleará un computador con el software Matlab y Simulink.

- Ordenador con la aplicación "Practica_02.exe" elaborada con LabView.

- Puesto de prácticas experimental (motor de corriente continua)

- Fuentes de alimentación regulables.

13.3. Identificación de los parámetros de un motor de corriente continua a partir de los diagramas de Bode

En esta práctica se utilizará el procedimiento presentado en el Capítulo 8, pero aplicándolo esta vez a la plataforma experimental en lugar de a un modelo simulado en Simulink. El procedimiento de identificación consta de los siguientes pasos:

1. Se excita la planta mediante diferentes entradas sinusoidales de amplitud constante vrp, pero de diferente frecuencia, y se registra la respuesta del sistema.

2. Con los datos registrados de entrada y salida del sistema, utilizando el procedimiento de las figuras de Lissajous se trazan los diagramas de Bode.

3. Por último, se utilizan los diagramas de Bode para calcular los parámetros del motor K (ganancia estática) y T (constante de tiempo). K se calcula como la media de los valores obtenidos en cada punto del diagrama de Bode.

13.3.1. Problemas del planteamiento inicial

Como se indicó en el Capítulo 8, existen una serie de problemas a la hora de intentar obtener la respuesta en frecuencia considerando la planta en cadena abierta:

- El módulo de la respuesta en frecuencia es muy alto a bajas frecuencias.

- El rozamiento de Coulomb puede invalidar el resultado de los experimentos, ya que el método está pensado para sistemas lineales.

- La obtención del punto de cambio de pendiente del diagrama de módulo no es fácil, ya que la situación exacta de dicho punto en un conjunto de datos experimentales es difusa.

Para resolver estos problemas se utiliza el enfoque propuesto en las prácticas simuladas: se identificará el sistema una vez que se ha cerrado un lazo de control proporcional con una ganancia K_p. Este procedimiento permite resolver todos los problemas anteriormente mencionados pero plantea un inconveniente adicional: puesto que se pretende que el sistema en cadena cerrada sea subamortiguado (para apreciar claramente el fenómeno de la resonancia), es necesario conocer los parámetros del motor para dimensionar correctamente el valor de K_p. Por lo tanto, el procedimiento de identificación de esta práctica se detalla a continuación:

13.3.2. Procedimiento de la práctica

1. Se realimenta el sistema según se muestra en la Figura 13.1 con un valor de K_p de forma que el sistema resultante sea

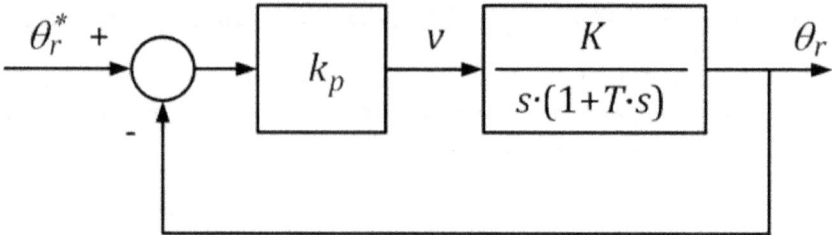

Figura 13.1: Esquema en lazo cerrado para realizar la identificación del motor.

subamortiguado (Diseñar el valor de K_p a partir de los parámetros del motor obtenidos en la práctica anterior).

2. Se obtiene la respuesta en frecuencia del sistema usando las curvas de Lissajous. El rango de frecuencias se selecciona a partir del valor de K_p diseñado y de los parámetros del motor obtenidos en la práctica anterior, sabiendo que lo ideal sería coger frecuencias en el rango de una década por encima y debajo de ω_T.

3. A partir del diagrama de módulos se obtiene el pico de resonancia M_r y la frecuencia de resonancia ω_r.

4. El coeficiente de amortiguamiento se obtiene a partir de la expresión:

$$\zeta = \sqrt{0{,}5 \cdot \left(1 \pm \sqrt{1 - \frac{1}{M_r^2}}\right)} \qquad (13.1)$$

donde se toma la solución tal que $0 < \zeta < 1/\sqrt{2}$. Nota: M_r no está expresado en dB.

5. La frecuencia natural no amortiguada se obtiene a partir de

$$\omega_n = \frac{\omega_r}{\sqrt{1 - 2 \cdot \zeta^2}} \qquad (13.2)$$

6. Se obtienen los parámetros K y T a partir de la expresión de la función de transferencia del motor en cadena cerrada y de los parámetros ζ y ω_n hallados en los pasos 4 y 5 identificando coeficientes:

$$M(s) = \frac{K_p \cdot K}{T \cdot s^2 + s + K_p \cdot K} = \frac{\omega_n^2}{s^2 + 2 \cdot \zeta \omega_n \cdot s + \omega_n^2} \qquad (13.3)$$

$$K = \frac{\omega_n}{2 \cdot K_p \cdot \zeta}, \qquad T = \frac{1}{2 \cdot \omega_n \zeta} \qquad (13.4)$$

7. Con los parámetros K y T obtenidos en el paso anterior se pueden obtener los parámetros del motor A y B y se pueden comparar con los parámetros obtenidos en la identificación en el dominio temporal.

13.4. Descripción de la aplicación utilizada

Para realizar los distintos ensayos se utilizará una aplicación diseñada mediante LabView. Dicha aplicación se encuentra en la siguiente ruta: C:\Practicas Automática en los ordenadores del laboratorio electrónica. Haciendo doble clic sobre el

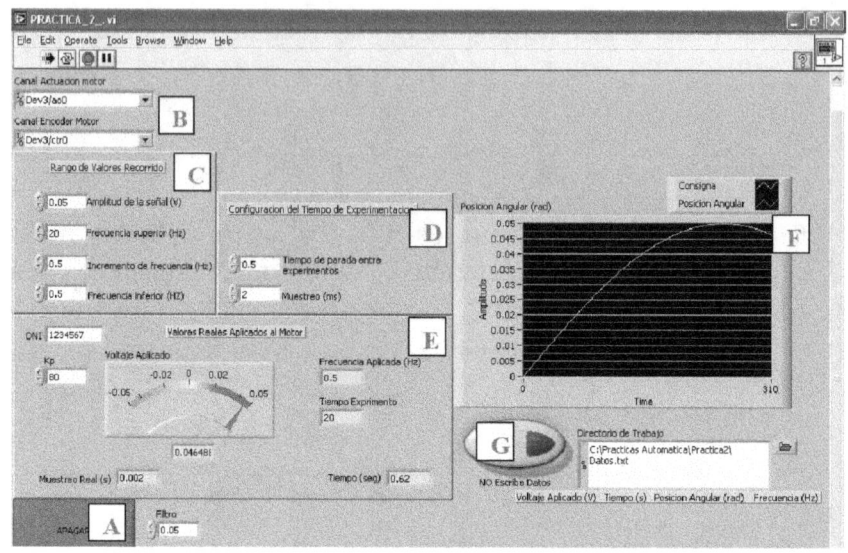

Figura 13.2: Aplicación para la toma de datos.

archivo ejecutable `Practica_02.exe` se abrirá una aplicación
que presenta el aspecto que se muestra en la Figura 13.2.

Al abrir la aplicación para la toma de datos, esta se ejecutará
por defecto, por lo que el primer paso es detenerla mediante el
botón de parada (**A**)

A continuación es necesario configurar la selección del canal
en el que se encuentra conectado el motor. Esto se realiza mediante los desplegables (**B**) "Canal actuación motor" y "Canal
encoder motor". Para configurarlos correctamente es necesario
cambiar la selección que aparece por defecto y seleccionar la opción que ofrece el programa de forma automática (típicamente el
dispositivo 2 "Dev2"). Es importante que se encuentren seleccionados el primer canal de dicho dispositivo "ao0" para el motor
y "ctr0" para el encoder. Para ejecutar el programa es necesario

148

pulsar el botón ▬▬ situado arriba a la izquierda.

Los parámetros del menú (**C**) determinan la configuración de las señales sinusoidales a aplicar.

- Amplitud de la señal: determina la amplitud de las señales sinusoidales que se aplicarán a la plataforma. Nota: debe calcularse el valor apropiado de amplitud de forma que no se sature el motor.

- Frecuencia inferior: indica la frecuencia más baja con la que se excitará el sistema (indicado en Hz).

- Incremento de frecuencia: indica el incremento en la frecuencia de las sucesivas señales sinusoidales que se aplicarán a la planta.

- Frecuencia superior: indica la frecuencia más alta de la señal con la que se excitará el sistema (cuando se alcance dicha frecuencia no se aplicarán más señales sinusoidales y la toma de datos acabará automáticamente).

Los parámetros del menú (**D**) determinan el tiempo de muestreo y el tiempo de parada entre experimentos.

- Tiempo de parada entre experimentos: determina cuánto tiempo se dejará transcurrir entre entradas escalón. Este intervalo es necesario para que el motor vuelva al estado de reposo.

- Muestreo (ms): determina el periodo de muestreo del equipo (definido como la inversa de la frecuencia de muestreo) ya que, al estar trabajando con un ordenador, se trabaja con un sistema discreto (aunque este sea aproximado por un sistema continuo). Lo ideal es seleccionar periodos de

149

muestreo lo más bajos posibles pero, debido a las limitaciones del equipo empleado, se debe seleccionar 2 ms como periodo de muestreo.

Los parámetros del menú (**E**) determinan la personalización de los parámetros del equipo para cada alumno y permiten observar el progreso de la toma de datos.

- DNI: es necesario introducir el DNI del alumno sin letra para la personalización del equipo de prácticas.

- Muestreo real: muestra el periodo de muestreo con el que está funcionando realmente el equipo. Si este valor oscila, significa que se ha seleccionado un muestro demasiado rápido y debe incrementarse en un milisegundo el periodo de muestreo seleccionado en "Muestreo (ms)"

- Voltaje Aplicado: indica qué amplitud de entrada sinusoidal se está aplicando en cada instante de tiempo.

- Frecuencia aplicada: indica con qué frecuencia se está excitando actualmente al sistema.

- Tiempo Experimento: indica cuánto tiempo va a durar la aplicación de la señal sinusoidal actual.

- Tiempo (seg): indica el tiempo transcurrido desde el inicio de la aplicación de la entrada sinusoidal ((para cada nueva entrada el valor se reinicia).

- Kp: se introduce el valor calculado de K_p.

La gráfica (**F**) permite controlar visualmente la evolución de la toma de datos y ver la respuesta del motor y la señal de referencia.

Por último, para salvar los datos producidos por la ejecución del programa, es necesario que antes de la ejecución del programa se encuentre activado el botón (**G**) (iluminado en verde). La ruta donde se guardan los datos debe seleccionarse mediante el desplegable y también debe quedar definida antes de la ejecución del programa.

(**NOTA:**) el programa se detiene automáticamente una vez se han realizado todos los experimentos. Si se detiene el programa mediante el botón de parada (**A**) no se guardarán los datos. Los datos se guardan en un fichero de texto plano ".txt", ordenados por columnas de la siguiente forma: **Voltaje aplicado**, **Tiempo**, **Posición angular**, **Frecuencia de excitación**.

14

Diseño de reguladores PD y PID

14.1. Objetivo de la práctica

- Diseñar reguladores para la planta identificada en las sesiones de prácticas anteriores.

- Familiarizarse con la técnica de tanteo para realizar ajustes finos de los parámetros de los reguladores.

- Comprobar la similitud entre los resultados obtenidos experimentalmente y mediante simulación

14.2. Material

- Para el desarrollo de la práctica se empleará un computador con el software Matlab y Simulink.

- Ordenador con la aplicación "Practica_03.exe" elaborada con LabView.

- Puesto de prácticas experimental (motor de corriente continua)

- Fuentes de alimentación regulables.

14.3. Diseño del comportamiento dinámico en cadena cerrada

Una vez identificados los parámetros del motor en las dos prácticas anteriores, el alumno considerará estos parámetros para el diseño de los diversos reguladores que se pedirán en el resto de prácticas. Así mismo, es conveniente que se tenga en cuenta que las fórmulas vistas hasta ahora para el diseño de los distintos reguladores sólo son aplicables para sistemas ideales con un comportamiento lineal. Sin embargo, puesto que el principal objetivo a la hora de diseñar cualquier regulador es cumplir las especificaciones de diseño requeridas, a menudo es necesario hacer un "ajuste fino" del regulador mediante prueba y error para lograr cumplir las especificaciones (puesto que el efecto de las no-linealidades de la planta experimental a menudo no es despreciable así como los errores cometidos en la estimación de los parámetros del motor en el proceso de identificación).

Puesto que la realización de este "ajuste fino" no puede hacerse utilizando la propia plataforma experimental (debido a que suele ser un proceso largo y laborioso), es conveniente que el alumno prepare dos reguladores distintos para cada uno de los ejercicios pedidos en las prácticas: por un lado, el regulador pedido en las prácticas, diseñado con las técnicas de ajustes de reguladores para sistemas lineales (habitualmente vistas durante el curso de automática) y, por otro lado, un regulador "ajustado por tanteo" a partir del regulador anterior, donde los parámetros de dicho regulador han sido ajustados mediante prueba y error utilizando como planta un modelo simulado del motor en el que se consideren todas las no-linealidades presentes en el mismo.

14.4. Diseño de un Regulador PD

Para la realización de esta práctica se pide:

1. Sintonizar un regulador PD para que el sistema controlado presente un coeficiente de amortiguamiento ζ=0,6 y un tiempo de establecimiento ante entrada escalón t_e=0,2s.

2. Utilizar el regulador PD anterior en el puesto de prácticas y aplicar una entrada escalón unitario. Registrar los resultados obtenidos.

3. Simular el sistema controlado mediante Simulink con la misma entrada escalón. Registrar los resultados obtenidos.

4. Representar las gráficas de los resultados obtenidos mediante simulación y mediante experimentación superpuestas.

5. Rellenar la Tabla 14.1 con los resultados obtenidos mediante simulación y mediante experimentación.

6. Repetir todo lo anterior para un regulador que haga que el sistema controlado tenga un coeficiente de amortiguamiento ζ=1 y un tiempo de establecimiento ante entrada escalón t_e=1s.

(**NOTA:**) la fórmula que relaciona el coeficiente de amortiguamiento con el porcentaje de sobreoscilación (PS) para un

Tabla 14.1: Datos del comportamiento del regulador.

	Modelo lineal	Modelo no lineal	Comparación (error en %)
Tiempo de establecimiento (s)			
Tiempo de subida (s)			
Sobreoscilación (%)			
Tiempo de pico (s)			

sistema de segundo orden simple subamortiguado es:

$$PS = 100\% \cdot e^{\frac{-\zeta\pi}{\sqrt{1-\zeta^2}}} \qquad (14.1)$$

14.4.1. Comportamiento ante perturbaciones

En esta ocasión se supondrá una perturbación a la salida de la planta del tipo de la mostrada en la figura 10.2.

Se pide comprobar experimentalmente la eficacia del regulador PD para eliminar perturbaciones a la salida del sistema. Para hacer esto el alumno debe utilizar alguno de los controles diseñados en el apartado anterior, y excitar el sistema con una entrada escalón unitario con una duración de varios segundos. Una vez que el sistema haya alcanzado el régimen permanente deberá girar SUAVEMENTE el indicador de posición unos 90°y posteriormente dejarlo libre para comprobar si el sistema es capaz de compensar el error introducido por la perturbación. Registrar los datos obtenidos y representarlos.

14.5. Diseño de un Regulador PID

Para la realización de esta práctica se pide:

1. Sintonizar un regulador PID para que el sistema controlado presente un coeficiente de amortiguamiento $\zeta=0{,}6$ y un tiempo de establecimiento ante entrada escalón $t_e=0{,}2$s.

2. Utilizar el regulador PID anterior en el puesto de prácticas y aplicar una entrada escalón unitario. Registrar los resultados obtenidos.

3. Simular el sistema controlado mediante Simulink con la misma entrada escalón. Registrar los resultados obtenidos.

4. Representar las gráficas de los resultados obtenidos mediante simulación y mediante experimentación superpuestas.

5. Rellenar la Tabla 14.2 con los resultados obtenidos mediante simulación y mediante experimentación.

6. Repetir todo lo anterior para un regulador que haga que el sistema controlado tenga un coeficiente de amortiguamiento $\zeta=1$ y un tiempo de establecimiento ante entrada escalón $t_e=1$s.

14.5.1. Comportamiento ante perturbaciones

En esta ocasión se supondrá una perturbación a la salida de la planta del tipo de la mostrada en la figura 10.2.

Se pide comprobar experimentalmente la eficacia del regulador PID para eliminar perturbaciones a la salida del sistema.

Tabla 14.2: Datos del comportamiento del regulador.

	Modelo lineal	Modelo no lineal	Comparación (error en %)
Tiempo de establecimiento (s)			
Tiempo de subida (s)			
Sobreoscilación (%)			
Tiempo de pico (s)			

Para hacer esto el alumno debe utilizar alguno de los controles diseñados en el apartado anterior, y excitar el sistema con una entrada escalón unitario con una duración de varios segundos. Una vez que el sistema haya alcanzado el régimen permanente deberá girar SUAVEMENTE el indicador de posición unos 90°y posteriormente dejarlo libre para comprobar si el sistema es capaz de compensar el error introducido por la perturbación. Registrar los datos obtenidos y representarlos.

14.6. Descripción de la aplicación utilizada

Para realizar los distintos ensayos se utilizará una aplicación diseñada mediante LabView. Dicha aplicación se encuentra en la siguiente ruta: C:\Practicas Automática en los ordenadores del laboratorio electrónica. Haciendo doble clic sobre el archivo ejecutable Practica_03.exe se abrirá una aplicación que presenta el aspecto que se muestra en la Figura 14.1.

Al abrir la aplicación para la toma de datos, esta se ejecutará por defecto, por lo que el primer paso es detenerla mediante el

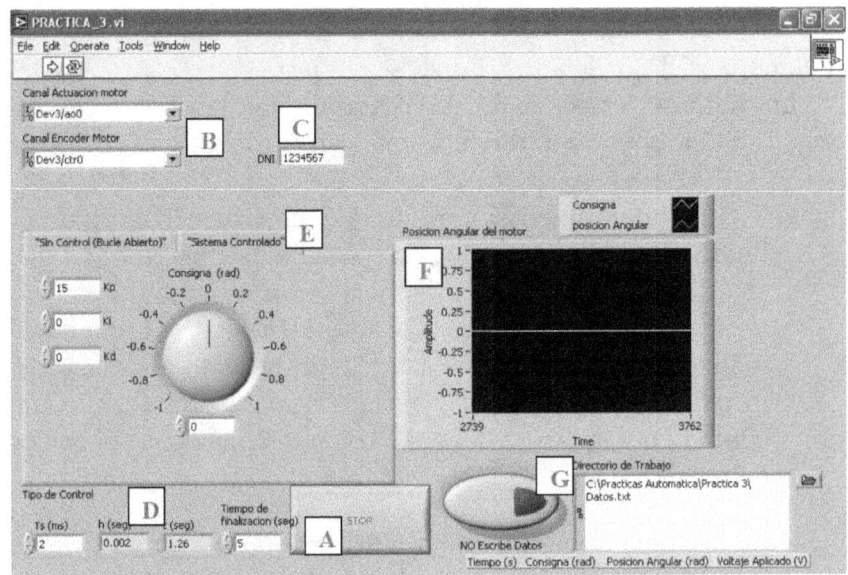

Figura 14.1: Aplicación para la toma de datos.

botón de parada (**A**)

A continuación, es necesario configurar la selección del canal en el que se encuentra conectado el motor. Esto se realiza mediante los desplegables (**B**) "Canal actuación motor" y "Canal encoder motor". Para configurarlos correctamente, es necesario cambiar la selección que aparece por defecto y selección que aparece por defecto y seleccionar la opción que ofrece el programa de forma automática (típicamente el dispositivo 2 "Dev2"). Es importante que se encuentren seleccionados el primer canal de dicho dispositivo "ao0" para el motor y "ctr0" para el encoder. Para ejecutar el programa es necesario pulsar el botón situado arriba a la izquierda.

En el campo correspondiente al DNI (**C**) debe introducirse el

DNI del alumno que esté realizando la experimentación en cada momento (el DNI debe introducirse sin letra).

Los parámetros del menú (**D**) determinan el periodo de muestreo y el tiempo de parada entre experimentos.

- Ts (ms): determina el periodo de muestreo del equipo (definido como la inversa de la frecuencia de muestreo) ya que al estar trabajando con un ordenador se trabaja con un sistema discreto (aunque este sea aproximado por un sistema continuo). Lo ideal es seleccionar periodos de muestreo lo más bajos posibles pero, debido a las limitaciones del equipo empleado, se debe seleccionar 2 ms como periodos de muestreo.

- h(s): indica el periodo de muestreo real del equipo ya que, debido a la velocidad de cada ordenador de los puestos de prácticas, puede que se obtengan velocidades diferentes de lo esperado.

- t(seg): cronometra la duración de cada nueva experimentación.

- Tiempo de finalización (seg): con este campo se controla el tiempo durante el cual se estará realizando la experimentación. Se recomienda utilizar un valor suficientemente alto en los apartados dedicados a el análisis frente a perturbaciones (de otra forma el alumno no tendrá tiempo para perturbar el motor y observar los resultados).

Los parámetros del menú (**E**) determinan el modo de operación del motor (en bucle abierto o en bucle cerrado). El modo de operación se determina seleccionando una de las dos pestañas disponibles.

- **Sin control (Bucle Abierto)**

  El único botón que presenta esta pestaña es el voltaje aplicado al motor, consiste en un dial circular que permite aplicar una señal comprendida entre -10V y 10V.

- **Sistema controlado**

  Esta pestaña presenta los siguientes parámetros de control:

  - Kp: valor de la constante K_p (ganancia del término proporcional).

  - Kd: valor de la constante K_d (ganancia del término derivativo).

  - Ki: valor de la constante K_i (ganancia del término integral).

  - Consigna: consigna aplicada en cada instante a la planta (modificable en tiempo real por el alumno).

La gráfica (**F**) permite controlar visualmente la evolución de la entrada al sistema (consigna o voltaje aplicado, dependiendo del modo de operación elegido) y de la posición angular del motor.

Por último, para salvar los datos producidos por la ejecución del programa, es necesario que antes de la ejecución del programa se encuentre activado el botón (**G**) (iluminado en verde). La ruta donde se guardan los datos debe seleccionarse mediante el desplegable y también debe quedar definida antes de la ejecución del programa.

(**NOTA:**) el programa se detiene automáticamente una vez se han realizado todos los experimentos. Si se detiene el programa mediante el botón de parada (**A**) no se guardarán los datos. Los datos se guardan en un fichero de texto plano ".txt", ordenados por columnas de la siguiente forma: **Tiempo (s)**, **Consigna (rad)**, **Posición angular (rad)**, **Voltaje aplicado (V)**

15

Diseño de una red de adelanto/atraso de fase

15.1.   Objetivo de la práctica

- Diseñar un regulador basado en técnicas frecuenciales.

- Familiarizarse con la técnica de tanteo para realizar ajustes finos de los parámetros de los reguladores.

- Comprobar la similitud entre los resultados obtenidos experimentalmente y mediante simulación.

15.2.   Material

- Para el desarrollo de la práctica se empleará un computador con el software Matlab y Simulink.

- Ordenador con la aplicación "Practica_03.exe" elaborada con LabView.

- Puesto de prácticas experimental (motor de corriente continua)

- Fuentes de alimentación regulables.

15.3. Desarrollo de la práctica:

Para la plataforma experimental identificada en prácticas anteriores, y considerando la metodología para el diseño de redes explicada en el Capítulo 11, se pide diseñar la red más simple que haga que el sistema en cadena cerrada cumpla con las siguientes especificaciones en el dominio temporal (de forma aproximada):

1. Una sobreoscilación menor o igual que el 5 %.

2. Un tiempo de establecimiento menor o igual que 0,3s.

3. Un error en régimen permanente ante una señal escalón al menos 10 veces menor que el error obtenido en la práctica anterior mediante la aplicación de regulador PD con condiciones de diseño ζ=0,6 y t_e=0,.

Una vez diseñada dicha red:

- Comprobar el grado de cumplimiento de las especificaciones de diseño simulando el comportamiento del sistema completo en cadena cerrada ante una consigna de tipo escalón unitario.

- Experimentar la red diseñada mediante una entrada escalón y comparar los resultados experimentales con los simulados.

(**NOTA 1:**) se observarán discrepancias entre las especificaciones de la respuesta obtenida y las especificaciones de diseño. Eso es debido a que las fórmulas de conversión de las especificaciones son válidas sólo para sistemas de segundo orden simples. En el momento en que aparecen ceros (y la red diseñada los introduce), estas fórmulas dejan de ser precisas. De hecho, la aparición de estos ceros hace que, aunque el sistema no sobreoscile (no hay oscilaciones que se atenúan), haya sin embargo un sobrepasamiento que después de su máximo converge monótonamente al valor final. Por tanto, se considerarán válidos los reguladores que den lugar a respuestas con un sobrepasamiento menor o igual que el 15 % (sobrepasamiento, no oscilaciones) y un tiempo de establecimiento menor o igual que 0,3s.

(**NOTA 2:**) es probable que con el regulador diseñado no se alcancen las especificaciones de diseño, si esto sucede es conveniente intentar modificar los parámetros de la red diseñada mediante tanteo, hasta alcanzar una respuesta lo más próxima posible a las especificaciones de diseño.

15.4. Descripción de la aplicación utilizada

Para realizar los distintos ensayos se utilizará una aplicación diseñada mediante LabView. Dicha aplicación se encuentra en la siguiente ruta: `C:\Practicas Automática` en los ordenadores del laboratorio electrónica. Haciendo doble clic sobre el archivo ejecutable `Practica_04.exe` se abrirá una aplicación que presenta el aspecto que se muestra en la Figura 15.1.

Al abrir la aplicación para la toma de datos, esta se ejecutará por defecto, por lo que el primer paso es detenerla mediante el botón de parada (**A**).

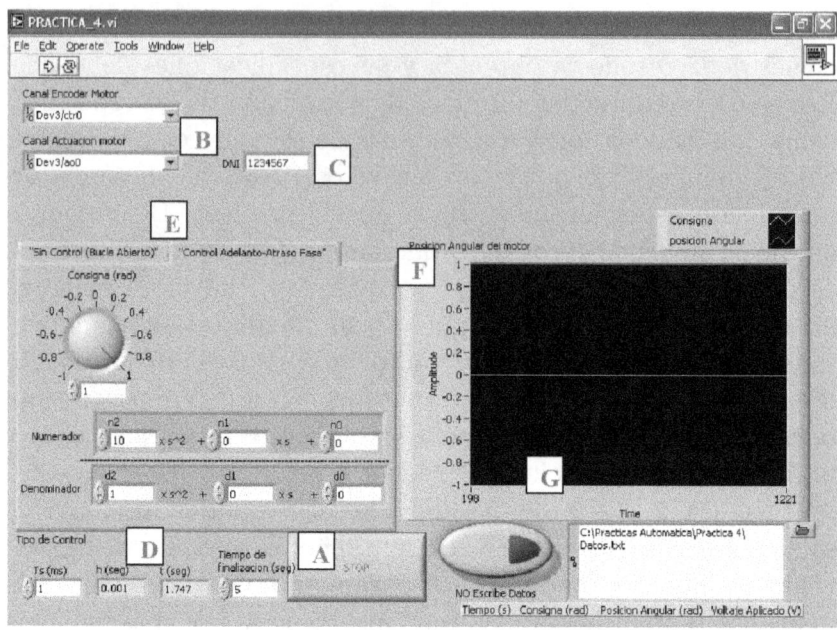

Figura 15.1: Aplicación para la toma de datos.

A continuación, es necesario configurar la selección del canal en el que se encuentra conectado el motor. Esto se realiza mediante los desplegables (**B**) "Canal actuación motor" y "Canal encoder motor". Para configurarlos correctamente es necesario cambiar la selección que aparece por defecto y seleccionar la opción que auto detecta el programa (típicamente el dispositivo 2 "Dev2"). Es importante que se encuentren seleccionados el primer canal de dicho dispositivo "ao0" para el motor y "ctr0" para el encoder. Para ejecutar el programa es necesario pulsar el botón ⟐⟐ situado arriba a la izquierda.

En el campo correspondiente al DNI (**C**) debe introducirse el DNI del alumno que esté realizando la experimentación en cada momento (el DNI debe introducirse sin letra).

Los parámetros del menú (**D**) determinan el periodo de muestreo y el tiempo de parada entre experimentos.

- Ts (ms): determina el periodo de muestreo del equipo (definido como la inversa de la frecuencia de muestreo) ya que al estar trabajando con un ordenador se trabaja con un sistema discreto (aunque este sea aproximado por un sistema continuo). Lo ideal es seleccionar periodos de muestreo lo más bajos posibles pero, debido a las limitaciones del equipo empleado, se debe seleccionar 2 ms como periodos de muestreo.

- h(s): indica el periodo de muestreo real del equipo ya que, debido a la velocidad de cada ordenador de los puestos de prácticas, puede que se obtengan velocidades diferentes de lo esperado.

- t(seg): cronometra la duración de cada nueva experimentación.

- Tiempo de finalización (seg): con este campo se controla el tiempo durante el cual se estará realizando la experimentación. Se recomienda utilizar un valor suficientemente alto en los apartados dedicados al análisis frente a perturbaciones (de otra forma el alumno no tendrá tiempo para perturbar el motor y observar los resultados).

Los parámetros del menú (**E**) determinan el modo de operación del motor (en bucle abierto o en bucle cerrado). El modo de operación se determina seleccionando una de las dos pestañas disponibles.

- Sin control (Bucle Abierto)

  El único botón que presenta esta pestaña es el voltaje aplicado al motor, consiste en un dial circular que permite aplicar una señal comprendida entre -10V y 10V.

- Control Adelanto-Atraso Fase

  Esta pestaña presenta los siguientes parámetros de control:

  - Consigna (rad): dial para regular el valor de la consigna aplicada al sistema

  - Coeficientes de la función de transferencia del regulador aplicado al sistema. Para introducir los coeficientes del regulador en el programa es necesario tener en cuenta las siguientes particularidades:

Debido a la construcción interna del programa, el coeficiente "d2" debe permanecer con valor igual a 1. Por lo tanto, los coeficientes del regulador diseñado se adaptarán de la siguiente forma.

En caso de que quiera introducirse una red de adelanto-atraso de fase:

1. Se realiza el producto de las dos fracciones hasta obtener una expresión en la forma:

$$\frac{n_2 s^2 + n_1 s + n_0}{d_2 s^2 + d_1 s + d_0} \quad (15.1)$$

2. Se divide el numerador y el denominador de la expresión anterior por d_2 obteniendo la siguiente fracción equivalente:

$$\frac{n_2/d_2 s^2 + n_1/d_2 s + n_0/d_2}{1 s^2 + d_1/d_2 s + d_0/d_2} \quad (15.2)$$

3. Se substituyen los distintos coeficientes en los correspondientes cuadros del programa

En caso de que quiera introducirse una red de adelanto o una red de atraso de fase:

1. Se parte de una expresión de la forma:

$$\frac{n_2 s + n_1}{d_2 s + d_1} \qquad (15.3)$$

2. Se multiplica el numerador y el denominador por s obteniendo la siguiente expresión:

$$\frac{n_2 s^2 + n_1 s + 0}{d_2 s^2 + d_1 s + 0} \qquad (15.4)$$

3. Se divide el numerador y el denominador de la expresión anterior por d1 obteniendo la siguiente fracción equivalente:

$$\frac{n_2/d_2 s^2 + n_1/d_2 s + 0}{1 s^2 + d_1/d_2 s + 0} \qquad (15.5)$$

4. Se substituyen los distintos coeficientes en los correspondientes cuadros del programa

La gráfica (**F**) permite controlar visualmente la evolución de la entrada al sistema (consigna o voltaje aplicado, dependiendo del modo de operación elegido) y de la posición angular del motor.

Por último, para salvar los datos producidos por la ejecución del programa, es necesario que antes de la ejecución del programa se encuentre activado el botón (**G**) (iluminado en verde). La ruta donde se guardan los datos debe seleccionarse mediante el desplegable y también debe quedar definida antes de la ejecución del programa.

(**NOTA:**) el programa se detiene automáticamente una vez se han realizado todos los experimentos. Si se detiene el programa mediante el botón de parada (**A**) no se guardarán los datos. Los datos se guardan en un fichero de texto plano ".txt", ordenados por columnas de la siguiente forma: **Tiempo (s), Consigna (rad), Posición angular (rad), Voltaje aplicado (V)**

Apéndice A

Entregables de Prácticas

Regulación Automática

Práctica I.

Respuesta temporal de los sistemas:

- Identificación de un motor de corriente continua

Impreso Normalizado de

Memoria de Prácticas

Datos del Alumno	
Apellidos:	
Nombre:	
DNI:	
Calificación:	/22

1.1 Representación en MATLAB de la relación entre $\omega_r(t)$ y $v(t)$ en régimen permanente

Representación gráfica los valores obtenidos de la velocidad angular en régimen permanente, ω_{rp}, para cada valor v_{rp} de la tensión aplicada

Figura 1. Curva ω_{rp} - v_{rp} .

Calificación	
/	2

Ajuste básico. Se ajusta la curva obtenida a una línea recta que pase por el origen (modelo lineal) y se calcula la pendiente de la recta ajustada *P*.

Ecuación de la recta

Pendiente P =

Calificación
/ 2

Representación gráfica los valores obtenidos de la velocidad angular en régimen permanente, ω_{rp}, para cada valor v_{rp} de la tensión aplicada y de la recta que ajusta dichos valores:

Figura 2. Curva ω_{rp} - v_{rp}.+ recta de ajuste (superpuesta).

Calificación
/ 2

1.2 Identificación de la constante de tiempo del motor

Una vez que se dispone de las respuestas dinámicas del motor para cada entrada escalón se obtiene la constante de tiempo del motor. Representación de la evolución temporal de la velocidad para el experimento de entrada escalón 8V

Figura 3. Curva de respuesta de la velocidad angular ante un escalón de tensión de 8V, indicando el tiempo de establecimiento.

Constante de tiempo T =

Calificación
/   3

1.3 Identificación de los parámetros del motor

A =

B =

Calificación
/   2

1.4 Realización de un ajuste más preciso del motor.

Finalmente, se realiza un ajuste más preciso. Se aproxima la curva característica del rozamiento

$$\text{Rozamiento de Coulomb } \hat{k}_c = \boxed{}$$

Se aproxima la curva característica del rozamiento por tres rectas: una horizontal que coincide con el eje de abscisas y otras dos que tienen la misma pendiente y que son simétricas respecto al origen.
Representación de la gráfica tensión – velocidad y sus ajustes.

Figura 4. Curva ω_{rp} - v_{rp} .+ recta de ajuste para valores negativos de voltaje aplicado (superpuesta) + recta de ajuste para valores positivos de voltaje aplicado (superpuesta).

Calificación	
/	3

Ecuación de la recta1

Ecuación de la recta2

Pendiente P =

Calificación
/ 3

1.5 comprobación de resultados

Realice el ensayo experimental completo mediante simulación en SIMULINK considerando el modelo más preciso incluyendo el rozamiento de coulomb (consulte las prácticas de MATLAB y SIMULINK si es necesario). Utilice los datos obtenidos mediante simulación para representar la gráfica de tensión – velocidad superpuesta a la obtenida mediante experimentación. Asegúrese de asignar nombres a los ejes de las gráficas (función *xlabel* y *ylabel* de Matlab), y utilizar una leyenda (función *legend*) para distinguir entre la respuesta experimental y simulada.

Figura 5. Curva ω_{rp} - v_{rp} .experimental + curva ω_{rp} - v_{rp} simulada (superpuesta).

Calificación
/ 5

EVALUACIÓN DE PRÁCTICAS

La evaluación de las prácticas de la asignatura tendrá en cuenta:

1. La asistencia, la actitud y los resultados obtenidos durante la sesión de prácticas

2. La memoria, obligatoria y original, que cada alumno deberá entregar **individualmente** (cada alumno tomará sus propios datos).

La memoria de prácticas:

- Deberá entregarse en formato electrónico (preferiblemente .pdf)
- No deberá contener ningún carácter ni dibujo manuscrito.
- Deberá ser original de cada alumno
- Se recomienda utilizar el impreso normalizado de memoria de prácticas, pudiéndose realizar modificaciones sobre el mismo si se desea añadir contenido adicional relevante de algún tipo.
- Para las ecuaciones se recomienda utilizar capturas de pantalla de las ecuaciones producidas por Latex, el editor de ecuaciones de Word, el editor de ecuaciones de Google Docs, o alternativas similares que puedan encontrarse on-line como:
-

  http://www.hostmath.com/

  www.wiris.net/demo/editor/demo/en/index.html
  ...

Regulación Automática

Práctica II.

Respuesta frecuencial de los sistemas:

- Identificación de un motor de corriente continua

Impreso Normalizado de
Memoria de Prácticas

Datos del Alumno	
Apellidos:	
Nombre:	
DNI:	
Calificación:	/16

1.1 Esquema modificado

Indique los parámetros del motor identificados en la práctica 1. Indique el valor de K_p utilizado y las posiciones de los polos en cadena cerrada. Indique el valor del amortiguamiento del sistema resultante:

$$A =$$
$$B =$$
$$K_p =$$
$$Polo1 =$$
$$Polo2 =$$
$$\zeta =$$

Calificación	
/	2

1.2 Procedimiento de la práctica

Represente la figura de Lissajous correspondiente a una frecuencia de excitación determinada (utilizar aquella en la que se aprecie mejor la figura de Lissajous). Indique los puntos correspondientes a los parámetros C_v, C_θ. El título de la gráfica debe reflejar la frecuencia escogida, y los ejes deben indicar qué representan.

Figura 1. Figura de Lissajous para el sistema realimentado.

Calificación	
/	2

Escriba los valores numéricos de los puntos indicados:

$$C_{\theta^*} = \boxed{}$$
$$C_{\theta} = \boxed{}$$

Calificación
/   1

A partir de estos valores calcule el desfase y el cociente de amplitudes.

$$\varphi = \boxed{}$$
$$C_{\theta^*}/C_{\theta} = \boxed{}$$

Calificación
/   1

Repitiendo el procedimiento de figuras de *Lissajous* utilizado en el apartado anterior para todas las frecuencias consideradas en la identificación. Representar el diagrama de Bode resultante del sistema:

Figura 2. Diagrama de Bode del sistema realimentado Magnitud (arriba) y Fase (abajo).

Calificación
/   4

Utilizando el diagrama de Bode, obtener la magnitud del pico de resonancia en dB y la frecuencia de resonancia en rad/s:

$M_r =$ ☐

$\omega_r =$ ☐

Calificación
/ 1

Obtener el coeficiente de amortiguamiento y la frecuencia natural

$\zeta =$ ☐

$\omega_n =$ ☐

Calificación
/ 1

Obtener los parámetros del motor

$K =$ ☐

$T =$ ☐

Calificación
/ 2

Obtener los parámetros del motor en la forma de la práctica 1 y comentar brevemente los resultados (comparándolos con la identificación obtenida en la primera práctica).

$A =$ ☐

$B =$ ☐

Comentario de los resultados

Calificación
/ 2

EVALUACIÓN DE PRÁCTICAS

La evaluación de las prácticas de la asignatura tendrá en cuenta:

3. La asistencia, la actitud y los resultados obtenidos durante la sesión de prácticas

4. La memoria, obligatoria y original, que cada alumno deberá entregar **individualmente** (cada alumno tomará sus propios datos).

La memoria de prácticas:

- Deberá entregarse en formato electrónico (preferiblemente .pdf)
- No deberá contener ningún carácter ni dibujo manuscrito.
- Deberá ser original de cada alumno
- Se recomienda utilizar el impreso normalizado de memoria de prácticas, pudiéndose realizar modificaciones sobre el mismo si se desea añadir contenido adicional relevante de algún tipo.
- Para las ecuaciones se recomienda utilizar capturas de pantalla de las ecuaciones producidas por Latex, el editor de ecuaciones de Word, el editor de ecuaciones de Google Docs, o alternativas similares que puedan encontrarse on-line como:
-
  http://www.hostmath.com/

  www.wiris.net/demo/editor/demo/en/index.html
  ...

Regulación Automática

Práctica III.

<u>Diseño de reguladores</u>:

Impreso Normalizado de

Memoria de Prácticas

Datos del Alumno	
Apellidos:	
Nombre:	
DNI:	
Calificación:	/24

3.1 Diseño del comportamiento dinámico en cadena cerrada

Parámetros del motor utilizado:

$A =$ [ ] $B =$ [ ]

Sintonizar un regulador PD para que el sistema controlado presente un coeficiente de amortiguamiento $\zeta = 0'6$ y un tiempo de establecimiento ante entrada escalón $t_e = 0.2s$

Regulador ajustado mediante teoría	Regulador ajustado por tanteo
$P =$ [ ]	$P =$ [ ]
$D =$ [ ]	$D =$ [ ]

Utilizar el valor calculado para el diseño del regulador del puesto de prácticas y aplicar una entrada escalón unitario. Registrar los resultados obtenidos.

Simular el sistema controlado mediante SIMULINK con la misma entrada escalón. Registrar los resultados obtenidos.

Representar las gráficas de los resultados obtenidos mediante simulación y mediante experimentación superpuestas.

Figura 1. Consigna aplicada y respuesta del sistema frente a entrada escalón. Resultados experimentales y simulación ideal (Regulador teórico)

Calificación
/ 6

Figura 2. Consigna aplicada y respuesta del sistema frente a
entrada escalón. Resultados experimentales y simulación ideal
(Regulador ajustado por tanteo)

Calificación	
/	2

Rellenar la Tabla1 con los resultados obtenidos mediante simulación y
mediante experimentación.

	Simulación (Ideal)	Experimentación (Regulador teórico)	Experimentación (Regulador ajustado por tanteo)
Tiempo de establecimiento (s)			
Tiempo de subida (s)			
Sobreoscilación (%)			
Tiempo de pico (s)			
Error en régimen permanente (%)			

Tabla 1. Datos del comportamiento del regulador.

Calificación	
/	2

Repetir todo lo anterior para un regulador que haga que el sistema controlado tenga un coeficiente de amortiguamiento $\zeta = 1$ y un tiempo de establecimiento ante entrada escalón $t_e = 0.15s$

Regulador ajustado mediante teoría

$P =$

$D =$

Regulador ajustado por tanteo

$P =$

$D =$

Representar las gráficas de los resultados obtenidos mediante simulación y mediante experimentación superpuestas.

Figura 3. Consigna aplicada y respuesta del sistema frente a entrada escalón. Resultados experimentales y simulación ideal (Regulador teórico)

Calificación
/ 6

Figura 4. Figura 2. Consigna aplicada y respuesta del sistema frente a entrada escalón. Resultados experimentales y simulación ideal (Regulador ajustado por tanteo)

Calificación	
/	2

Rellenar la Tabla3 con los resultados obtenidos mediante simulación y mediante experimentación.

	Simulación (Ideal)	Experimentación (Regulador teórico)	Experimentación (Regulador ajustado por tanteo)
Tiempo de establecimiento (s)			
Tiempo de subida (s)			
Sobreoscilación (%)			
Tiempo de pico (s)			
Error en régimen permanente (%)			

Tabla 3. Datos del comportamiento del regulador.

Calificación	
/	2

3.2 Comportamiento ante perturbaciones

Comprobar experimentalmente la eficacia del regulador PD para eliminar perturbaciones a la salida del sistema. Para hacer esto el alumno debe utilizar alguno de los controles diseñado en el apartado anterior...

$P =$ ☐

$D =$ ☐

...y excitar el sistema con una entrada escalón unitario con una duración de varios segundos. Una vez que el sistema haya alcanzado el régimen permanente deberá girar SUAVEMENTE el indicador de posición unos 90° y posteriormente dejarlo libre para comprobar si el sistema es capaz de compensar el error introducido por la perturbación. Registrar los datos obtenidos y representarlos.

Figura 12. Consigna aplicada y respuesta del sistema frente a entrada escalón. (Incluye la perturbación al sistema)

Calificación	
/	4

EVALUACIÓN DE PRÁCTICAS

La evaluación de las prácticas de la asignatura tendrá en cuenta:

5. La asistencia, la actitud y los resultados obtenidos durante la sesión de prácticas

6. La memoria, obligatoria y original, que cada alumno deberá entregar **individualmente** (cada alumno tomará sus propios datos).

La memoria de prácticas:

- Deberá entregarse en formato electrónico (preferiblemente .pdf)
- No deberá contener ningún carácter ni dibujo manuscrito.
- Deberá ser original de cada alumno
- Se recomienda utilizar el impreso normalizado de memoria de prácticas, pudiéndose realizar modificaciones sobre el mismo si se desea añadir contenido adicional relevante de algún tipo.
- Para las ecuaciones se recomienda utilizar capturas de pantalla de las ecuaciones producidas por Latex, el editor de ecuaciones de Word, el editor de ecuaciones de Google Docs, o alternativas similares que puedan encontrarse on-line como:
-
    http://www.hostmath.com/

    www.wiris.net/demo/editor/demo/en/index.html
    ...

Regulación Automática

Práctica IV.

Diseño de redes de adelanto- atraso de fase:

Impreso Normalizado de
Memoria de Prácticas

Datos del Alumno	
Apellidos:	
Nombre:	
DNI:	
Calificación:	/29

4.1 Desarrollo de la práctica

Para la plataforma experimental identificada en prácticas anteriores, se pide diseñar la red más simple que haga que el sistema en cadena cerrada cumpla con las siguientes especificaciones en el dominio temporal (de forma aproximada):

1. Una sobreoscilación menor o igual que el 5%
2. Un tiempo de establecimiento menor o igual que 0.1s
3. Un error en régimen permanente ante una señal escalón al menos 10 veces menor que el error obtenido en la práctica anterior mediante la aplicación de regulador PD con condiciones de diseño $\zeta = 0.6$ y $t_e = 0.2s$

Parámetros del motor utilizado:

$$A = \boxed{}$$

$$B = \boxed{}$$

Error en régimen permanente práctica anterior = $\boxed{}$

Coeficiente de amortiguamiento mínimo admisible = $\boxed{}$

Margen de fase φ = $\boxed{}$

Frecuencia de cruce de ganancias ω_g = $\boxed{}$

Ganancia del regulador K = $\boxed{}$

Calificación	
/	5

Regulador diseñado:

a) Red de adelanto de fase

Regulador diseñado en base a las ecuaciones	Regulador ajustado por tanteo
$R(s) = K \dfrac{1+T \cdot s}{1+T \cdot f \cdot s}$	$R(s) = K \dfrac{1+T \cdot s}{1+T \cdot f \cdot s}$
K =	K =
T =	T =
f =	f =

Calificación
/   4

Figura 1. Consigna aplicada y respuesta del sistema frente a entrada escalón. Resultados experimentales y simulados (Regulador ajustado mediante ecuaciones)

Calificación
/   2

Rellenar la Tabla 1 con los resultados obtenidos mediante simulación y mediante experimentación.

	Simulación	Experimentación	Comparación (error en %)
Tiempo de establecimiento (s)			
Sobreoscilación (%)			
Error en régimen permanente			
Sobrepasamiento (%)			

Tabla 1. Datos del comportamiento del regulador.

Calificación
/ 2

Figura 2. Consigna aplicada y respuesta del sistema frente a entrada escalón. Resultados experimentales y simulados (Regulador ajustado mediante tanteo)

Calificación
/ 2

Rellenar la Tabla 2 con los resultados obtenidos mediante simulación y mediante experimentación.

	Simulación	Experimentación	Comparación (error en %)
Tiempo de establecimiento (s)			
Sobreoscilación (%)			
Error en régimen permanente			
Sobrepasamiento (%)			

Tabla 2. Datos del comportamiento del regulador ajustado mediante tanteo.

Calificación
/ 2

b) Red de adelanto-atraso de fase

Regulador diseñado en base a las ecuaciones	Regulador ajustado por tanteo
$R(s) = K_a \dfrac{1+T_a \cdot s}{1+T_a \cdot f_a \cdot s} \cdot K_r \dfrac{1+T_r \cdot s}{1+T_r \cdot f_r \cdot s}$ red de adelanto de fase red de atraso de fase	$R(s) = K_a \dfrac{1+T_a \cdot s}{1+T_a \cdot f_a \cdot s} \cdot K_r \dfrac{1+T_r \cdot s}{1+T_r \cdot f_r \cdot s}$ red de adelanto de fase red de atraso de fase
$K_a =$	$K_a =$
$T_a =$	$T_a =$
$f_a =$	$f_a =$
$K_r =$	$K_r =$
$T_r =$	$T_r =$
$f_r =$	$f_r =$

Calificación
/ 4

Figura 3. Consigna aplicada y respuesta del sistema frente a entrada escalón. Resultados experimentales y simulados (Regulador ajustado mediante ecuaciones)

Calificación
/ 2

Rellenar la Tabla 3 con los resultados obtenidos mediante simulación y mediante experimentación.

	Simulación	Experimentación	Comparación (error en %)
Tiempo de establecimiento (s)			
Sobreoscilación (%)			
Error en régimen permanente			
Sobrepasamiento (%)			

Tabla 3. Datos del comportamiento del regulador.

Calificación
/ 2

Figura 4. Consigna aplicada y respuesta del sistema frente a entrada escalón. Resultados experimentales y simulados (Regulador ajustado mediante tanteo)

Calificación	
/	2

Rellenar la Tabla 4 con los resultados obtenidos mediante simulación y mediante experimentación.

	Simulación	Experimentación	Comparación (error en %)
Tiempo de establecimiento (s)			
Sobreoscilación (%)			
Error en régimen permanente			
Sobrepasamiento (%)			

Tabla 4. Datos del comportamiento del regulador ajustado mediante tanteo.

Calificación	
/	2

EVALUACIÓN DE PRÁCTICAS

La evaluación de las prácticas de la asignatura tendrá en cuenta:

7. La asistencia, la actitud y los resultados obtenidos durante la sesión de prácticas

8. La memoria, obligatoria y original, que cada alumno deberá entregar **individualmente** (cada alumno tomará sus propios datos).

La memoria de prácticas:

- Deberá entregarse en formato electrónico (preferiblemente .pdf)
- No deberá contener ningún carácter ni dibujo manuscrito.
- Deberá ser original de cada alumno
- Se recomienda utilizar el impreso normalizado de memoria de prácticas, pudiéndose realizar modificaciones sobre el mismo si se desea añadir contenido adicional relevante de algún tipo.
- Para las ecuaciones se recomienda utilizar capturas de pantalla de las ecuaciones producidas por Latex, el editor de ecuaciones de Word, el editor de ecuaciones de Google Docs, o alternativas similares que puedan encontrarse on-line como:
-

    http://www.hostmath.com/

    www.wiris.net/demo/editor/demo/en/index.html
    ...

www.ingramcontent.com/pod-product-compliance
Lightning Source LLC
Chambersburg PA
CBHW071422180526
45170CB00001B/183